定期テスト **ズバリよくでる** 理科 | 3年 全教科

もくじ

取り外してお使いください　赤シート＋直前チェックBOOK,別冊解答

※あなたの学校の出題範囲を書きこんでお使いください。

Step 1 基本チェック 原子の成り立ちとイオン

10分

赤シートを使って答えよう！

❶ 水溶液にすると電流が流れる物質

- □ 水にとかしたとき，その水溶液(すいようえき)に電流が流れる物質を［電解質(でんかいしつ)］，水にとけても，その水溶液に電流が流れない物質を［非電解質(ひでんかいしつ)］という。
- □ 塩化銅水溶液に電流を流すと，陽極(ようきょく)付近から［塩素］が発生し，陰極(いんきょく)の表面に［銅］が付着する。
- □ うすい塩酸に電流を流すと，陽極付近から，［塩素］が発生し，陰極付近から［水素］が発生する。

❷ イオンのでき方

- □ 原子は，＋(プラス)の電気をもつ［原子核(げんしかく)］と－(マイナス)の電気をもつ［電子(でんし)］からできている。
- □ 原子核は，＋の電気をもつ［陽子(ようし)］と，電気をもたない［中性子(ちゅうせいし)］からできている。
- □ 同じ元素でも中性子の数が異(こと)なる原子を［同位体(どういたい)］という
- □ 原子が＋または－の電気を帯びたものを［イオン］といい，＋の電気を帯びたものを［陽イオン］，－の電気を帯びたものを［陰イオン］という。
- □ イオンを記号で表すときは，元素記号の右肩(みぎかた)（右上）に，それが帯びている電気の種類と数をつけて表す。
- □ 電解質が水にとけて，陽イオンと陰イオンに分かれることを［電離(でんり)］という。

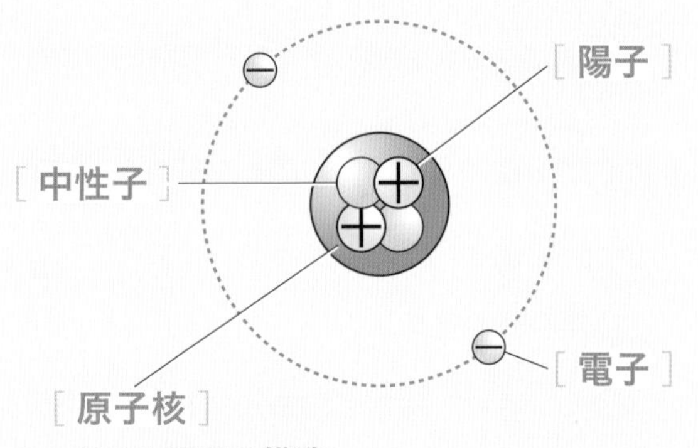

□ ヘリウム原子の構造

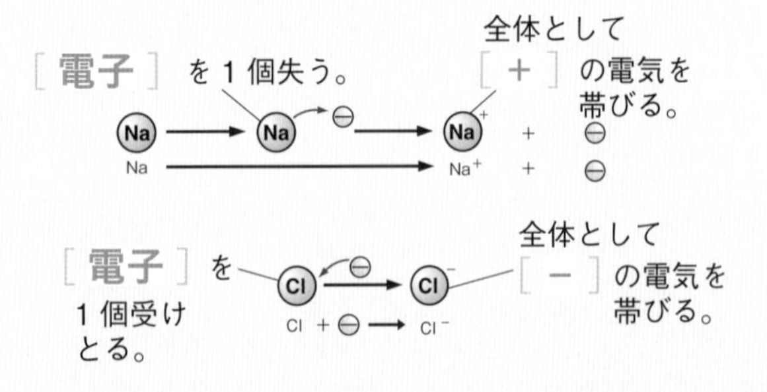

□ イオンのでき方

電解質の水溶液の種類と性質について，まとめておこう。

Step 2 予想問題 原子の成り立ちとイオン

20分
(1ページ10分)

【電流が流れる水溶液】

❶ 図のように，蒸留水(精製水)に電極を入れたところ，電流は流れなかった。次に，□の㋐～㋕の水溶液に電流が流れるかどうかを調べた。これについて，次の問いに答えなさい。

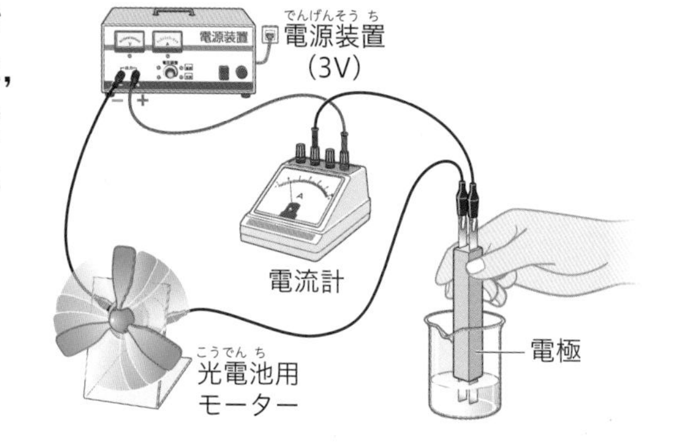

㋐ 塩化ナトリウム水溶液
㋑ 砂糖水
㋒ 塩酸(塩化水素水溶液)
㋓ 塩化銅水溶液
㋔ エタノール水溶液
㋕ 水酸化ナトリウム水溶液

□ ❶ 1つの電極を使って，いくつかの水溶液を調べる場合の注意点を，簡単に書きなさい。
( )

□ ❷ 電流が流れた水溶液を㋐～㋕からすべて選び，記号で答えなさい。
( )

□ ❸ 水にとかしたとき，その水溶液に電流が流れる物質を何というか。
( )

□ ❹ 水にとけても，その水溶液に電流が流れない物質を何というか。
( )

□ ❺ ❸のような物質は，水にとけて陽イオンと陰イオンに分かれる。これを何というか。 ( )

ミスに注意 ❶❶その操作を行わなかった場合，どうなるかを考えて書く。

ヒント ❶❷水溶液中にイオンが存在するものを選ぶ。

[解答▶p. 1]

【 うすい塩酸の電気分解 】

❷ 図の装置で，うすい塩酸を電気分解したところ，電極A，B付近から気体が発生した。これについて，次の問いに答えなさい。

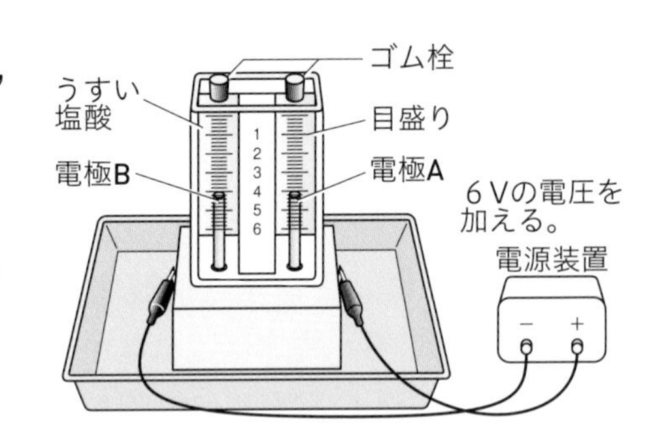

□ ❶ 電極Aに発生した気体は，電極Bに発生した気体よりも少なかった。この気体は何か。

（　　　）

□ ❷ 電極Aの上部の液をスポイトでとり，赤インクで着色した水に入れるとどうなるか。

（　　　　　　　　　　　）

□ ❸ 電極Bに発生した気体の性質として適当なものを，次の㋐～㋒から選びなさい。（　　　）

㋐ 石灰水に通すと白くにごる。

㋑ 火がついた線香を入れると，線香が激(はげ)しく燃える。

㋒ 火がついたマッチを近づけると，気体がポンと音を立てて燃える。

【 原子の構造 】

❸ 図は，ある原子の構造を示したものである。これについて，次の問いに答えなさい。

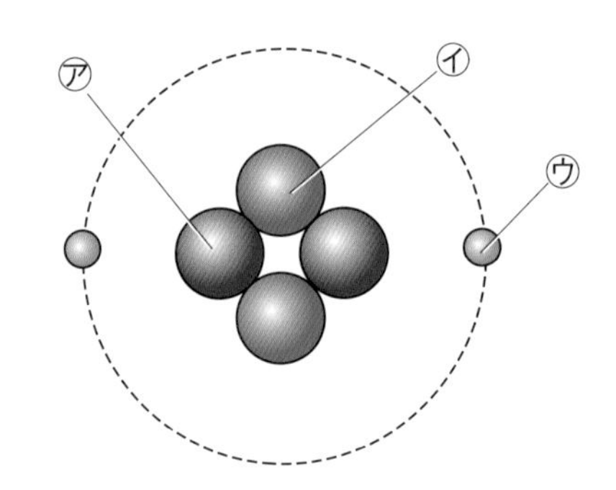

□ ❶ ㋐，㋑，㋒は，それぞれ何を示しているか。名称(めいしょう)を答えなさい。ただし，㋐，㋒は電気をもっている。

㋐（　　　　）　㋑（　　　　）　㋒（　　　　）

□ ❷ ㋐は，＋と－のどちらの電気をもっているか。

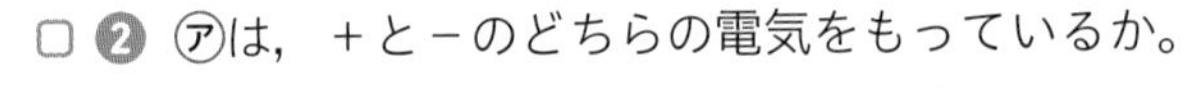

（　　　）

□ ❸ 原子全体としては，電気を帯びているか。

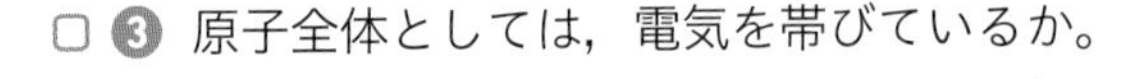

（　　　）

□ ❹ 同じ元素でも，中性子(ちゅうせいし)の数が異(こと)なる原子を何というか。

（　　　）

ミスに注意　❷❷赤インクの色の変化について書く。

ヒント　❸❸原子はふつうの状態では電気を帯びていないが，イオンになると電気を帯びる。

[解答▶p. 1]

Step 1 基本チェック　化学変化と電池

10分

赤シートを使って答えよう！

❶ 金属のイオンへのなりやすさ

□ 金属の［種類］によって，イオンへのなりやすさにちがいがある。
（陽）イオンへのなりやすさ：Mg＞Zn＞Fe＞Cu＞Ag

❷ 電池のしくみ

□ 化学変化を利用して，物質がもっている［化学(かがく)エネルギー］を［電気エネルギー］に変換(へんかん)してとり出す装置(そうち)を［電池(でんち)］（化学電池）という。

□ 亜鉛(あえん)と銅，硫酸(りゅうさん)亜鉛水(すい)溶液(ようえき)と硫酸銅水溶液を使ってつくられた電池を［ダニエル電池］という。

□ ダニエル電池で，電子は，［亜鉛］板から［銅］板の向きに移動する。電流の向きは，電子の移動の向きと［逆］である。また亜鉛板が［－(マイナス)］極に，銅板が［＋(プラス)］極になる。

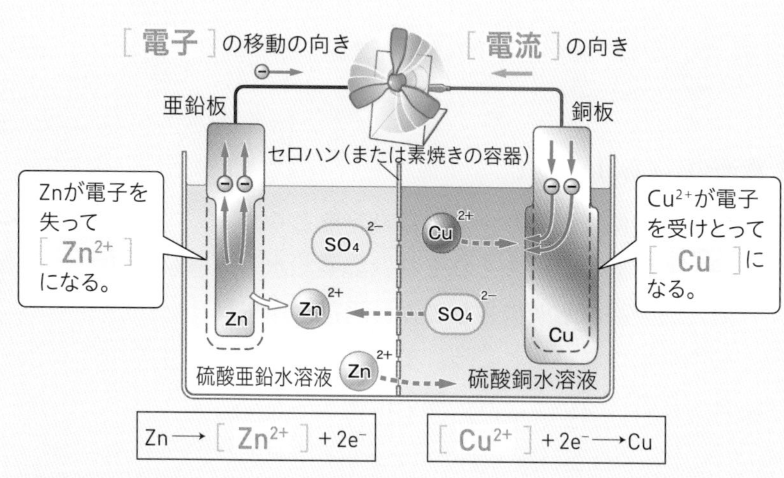

□ **ダニエル電池**

❸ 日常生活と電池

□ 電池には，充電(じゅうでん)できる［二次］電池と，充電できない［一次］電池がある。

□ 水の電気分解と逆の化学変化を利用して，水素と酸素がもつ化学エネルギーを，電気エネルギーとしてとり出す電池を［燃料電池(ねんりょうでんち)］という。

テストに出る　電池の＋極と−極はどちらか，電子の移動の向きと電流の向きについてまとめておこう。

Step 2 予想問題 化学変化と電池

20分
(1ページ10分)

【金属のイオンへのなりやすさ】

❶ 表のように，マグネシウム片，亜鉛(あえん)片，銅片を用意し，3種類の水溶液(すいようえき)を加えて，イオンへのなりやすさを調べてまとめた。これについて，次の問いに答えなさい。

	硫酸マグネシウム水溶液	硫酸亜鉛水溶液	硫酸銅水溶液
マグネシウム		マグネシウム片が変化し，灰色の個体が現れた。	マグネシウム片が変化し，赤(茶)色の固体が現れた。
亜鉛	変化は起こらなかった。		亜鉛片が変化し，赤(茶)色の固体が現れた。
銅	変化は起こらなかった。	変化は起こらなかった。	

□ ❶ マグネシウム片と亜鉛片を硫酸銅(りゅうさんどう)水溶液に入れたとき，水溶液の青色がうすくなった。このようになったのはなぜか。簡単に書きなさい。

(　　　　　　　　　　)

□ ❷ 銅，亜鉛，マグネシウムを，イオンになりやすい順に並べ，左から順に書きなさい。(　　　　　　)

【電池のしくみ】

❷ 図のように，ビーカーにセロハンをとりつけ，亜鉛板と銅板をそれぞれ硫酸(りゅうさん)亜鉛水溶液と硫酸銅水溶液にさしこみ，光電池(こうでんち)用モーターにつないだところ，モーターが回った。これについて，次の問いに答えなさい。

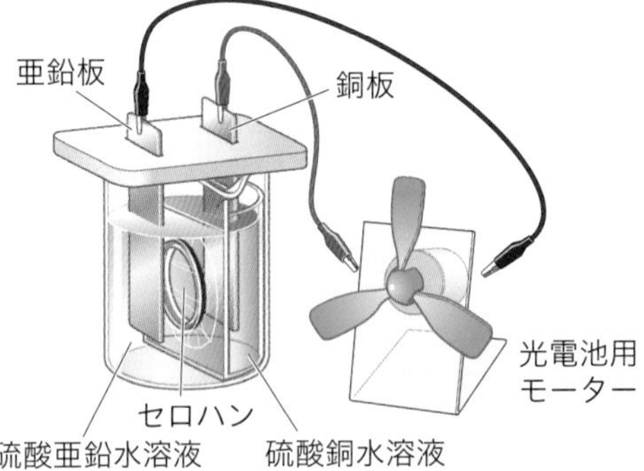

□ ❶ しばらくつないだままにしておいたところ，亜鉛板と銅板に変化があった。それぞれどのようになったか。

亜鉛板(　　　　　　)

銅板(　　　　　　)

□ ❷ この実験から，銅と亜鉛では，どちらが陽イオンになりやすいか。

(　　　　　　)

□ ❸ 亜鉛板と銅板で，＋極になったのはどちらか。(　　　　　　)

ミスに注意 ❶❶なぜかと問われているので，「…から。」「…ため。」と答える。

ヒント ❶イオンになりやすい金属は，水溶液中にとけ出す。

[解答▶p. 1]

【ダニエル電池】

❸ 図1のように，銅板と亜鉛板の間に硫酸亜鉛水溶液と硫酸銅水溶液で湿らせたろ紙とセロハンをはさみ，図2のような装置をつくった。これについて，次の問いに答えなさい。

図1

亜鉛板

セロハン

硫酸銅水溶液で湿らせたろ紙

硫酸亜鉛水溶液で湿らせたろ紙

銅板

図2

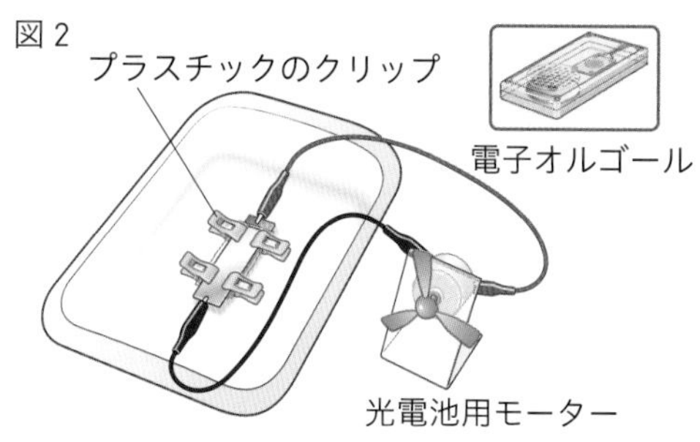

□ ❶ 光電池用モーターが回転したことから，回路には電流が流れていることがわかる。このとき，何エネルギーが電気エネルギーに変換されたか。（　　　　　）

□ ❷ 光電池用モーターを，電子オルゴールにかえて，同じ実験を行った。このとき，つなぎ方によっては鳴らなかった。電子オルゴールが鳴るためのつなぎ方として正しいものを，次の㋐～㋓から選び，記号で答えなさい。（　　　）

㋐ オルゴールの両方の端子を銅板につなぐ。
㋑ オルゴールの両方の端子を亜鉛板につなぐ。
㋒ オルゴールの＋極を銅板に，－極を亜鉛板につなぐ。
㋓ オルゴールの＋極を亜鉛板に，－極を銅板につなぐ。

電子オルゴールは，オルゴールの＋極を電池の＋極に，－極を電池の－極につないだときだけ，音が出るよ。

【日常生活と電池】

❹ 身のまわりにある電池について，次の問いに答えなさい。

□ ❶ 次の㋐～㋕の電池のうち，一次電池とよばれるものを全て選び，記号で答えなさい。（　　　　　）

㋐ アルカリマンガン乾電池　　㋑ 鉛蓄電池
㋒ 空気亜鉛電池　　㋓ ニッケル水素電池
㋔ リチウムイオン電池　　㋕ リチウム電池

□ ❷ 二次電池とよばれる電池の特徴を，簡単に書きなさい。
（　　　　　　　　　　　　　　　　　　　）

□ ❸ 水の電気分解と逆の化学変化を利用した電池を何というか。
（　　　　　）

□ ❹ ❸の電池の化学反応式を書きなさい。
（　　　　　　　　　　　　　　　　　　　）

ⓧ | ミスに注意　❸❶「●●エネルギー」と答える。

［解答 ▶ p. 1］

Step 1 基本チェック 酸・アルカリ

10分

赤シートを使って答えよう！

❶ 酸性やアルカリ性の水溶液の性質

□ ［ 酸性 ］ の水溶液(すいようえき)は，例えば次のような性質を示す。

① 青色リトマス紙を赤色に変える。

② 緑色のBTB(溶)液を ［ 黄色 ］ に変える。

③ マグネシウムなどの金属を入れると，［ 水素 ］ が発生する。

□ ［ アルカリ性 ］ の水溶液は，例えば次のような性質を示す。

① 赤色リトマス紙を青色に変える。

② 緑色のBTB(溶)液を ［ 青色 ］ に変える。

③ フェノールフタレイン(溶)液を ［ 赤色 ］ に変える。

❷ 酸性やアルカリ性の性質を決めているもの

□ 水溶液中で電離(でんり)して，［ H^+ ］(水素イオン) を生じる物質を ［ 酸 ］ という。

□ 水溶液中で電離して，OH^- (［ 水酸化物イオン ］) を生じる物質を ［ アルカリ ］ という。

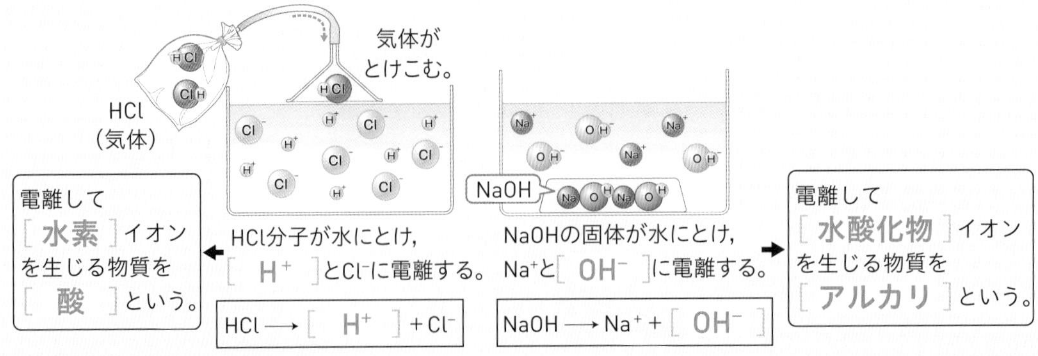

□ **酸とアルカリ**

❸ 酸性・アルカリ性の強さ

□ 水溶液の酸性，アルカリ性の強さを表すには ［ pH(ピーエイチ) ］ が用いられる。

□ pHの値が7のとき，水溶液は ［ 中 ］ 性であり，7より小さいほど ［ 酸 ］ 性が強く，7より大きいほど ［ アルカリ ］ 性が強い。

テストに出る 酸とは何か，アルカリとは何かを文章で書けるようにしておこう。

Step 2 予想問題 酸・アルカリ

【指示薬】

❶ 表の各指示薬について，酸性・中性・アルカリ性を示す色を記入しなさい。また，色の変化がない場合は×を記入しなさい。

	酸性	中性	アルカリ性
赤色リトマス紙	①（　　）	②（　　）	③（　　）
青色リトマス紙	④（　　）	⑤（　　）	⑥（　　）
緑色のBTB(溶)液	⑦（　　）	⑧（　　）	⑨（　　）
無色のフェノールフタレイン(溶)液	⑩（　　）	⑪（　　）	⑫（　　）

【酸性やアルカリ性の水溶液に共通する性質】

❷ 図1の試験管A～Dには，うすい塩酸，うすい硫酸，水，うすい水酸化ナトリウム水溶液のいずれかが入っている。試験管A～Dに緑色のBTB(溶)液を入れると，Bは青色，Cは緑色，A，Dは黄色になった。これについて，次の問いに答えなさい。

図1

❶ 試験管AとDの水溶液中に共通してあり，その性質を示す原因になるイオンの名称を書きなさい。また，このイオンを化学式で表しなさい。

名称（　　　　　）　化学式（　　　　）

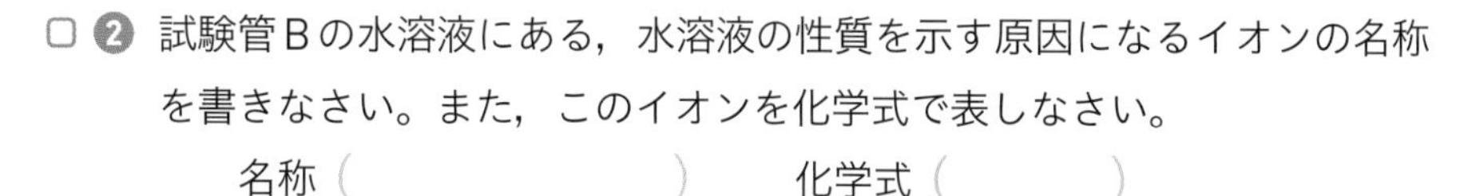

❷ 試験管Bの水溶液にある，水溶液の性質を示す原因になるイオンの名称を書きなさい。また，このイオンを化学式で表しなさい。

名称（　　　　　）　化学式（　　　　）

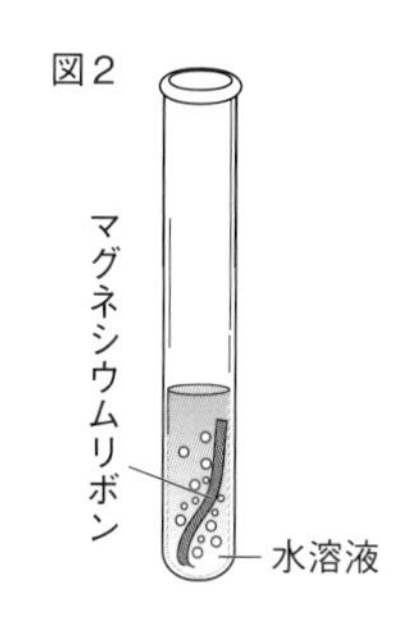

図2

❸ 試験管A～Dのうち，フェノールフタレイン(溶)液と反応して色が変化するのはどれか，記号ですべて書きなさい。（　　　　）

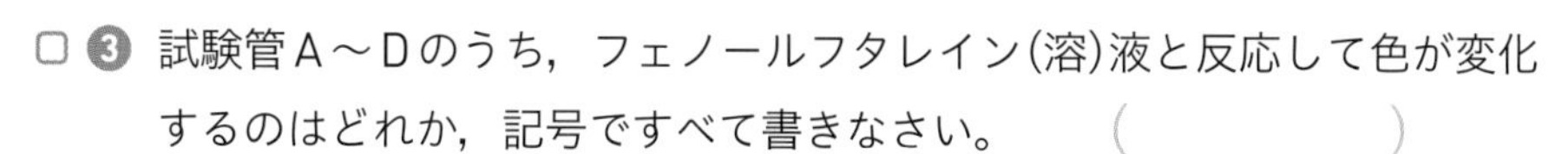

❹ 図2のように，試験管A～Dの水溶液にマグネシウムリボンを入れたとき，気体が発生したものがあった。どの試験管か，記号ですべて書きなさい。（　　　　）

❺ ❹で発生した気体は何か。化学式で書きなさい。（　　　　）

ヒント ❷❸フェノールフタレイン(溶)液は，アルカリ性だけに反応する。

[解答▶p. 2]

【 酸性やアルカリ性の性質を決めているもの 】

❸ 酸性やアルカリ性を示す元になるイオンが何であるかを調べた。これについて，次の問いに答えなさい。

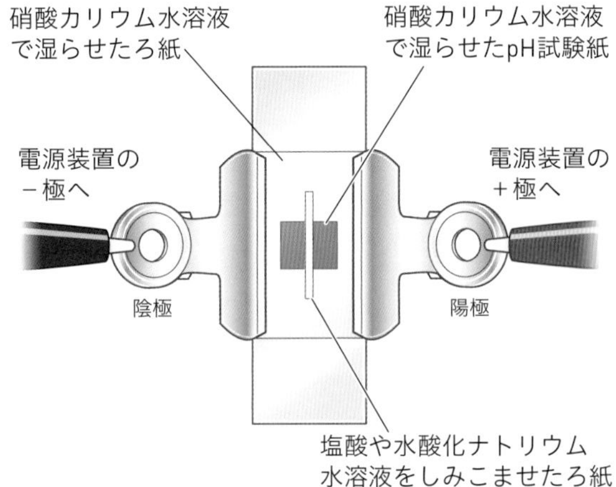

操作1 図のように，硝酸(しょうさん)カリウム水溶液でろ紙とｐＨ(ピーエイチ)試験紙を湿(しめ)らせて，電流が流れるようにしてから，ろ紙の両端(りょうたん)に電圧を加えた。

操作2 pH試験紙の上に塩酸や水酸化ナトリウム水溶液をしみこませた細いろ紙をそれぞれ置き，変化を観察した。なお，pH試験紙は，酸性で赤色に，アルカリ性で青色に変化する。

□ ❶ 塩酸をしみこませたろ紙を置いたとき，どのような結果になったか，次の㋐～㋓から選びなさい。（　　　）

㋐ 陰極(いんきょく)側に赤色が広がった。

㋑ 陰極側に青色が広がった。

㋒ 陽極側に赤色が広がった。

㋓ 陽極側に青色が広がった。

□ ❷ 水酸化ナトリウム水溶液をしみこませたろ紙を置いたときは，どのような結果になったか。❶の㋐～㋓から選びなさい。（　　　）

□ ❸ 塩酸は，塩化水素が水にとけたものである。塩化水素が水溶液中で電離(でんり)しているようすを，化学式で書きなさい。

（　　　　　　　　　　　　　　　　　　）

【 pH 】

❹ 次の①～③のpHについての記述のうち，正しいものをすべて選び，
□ **番号で答えなさい。**（　　　　　）

① pHは，その値が小さいほど酸性が強い。

② 中性の水溶液のpHは，７である。

③ pHが14に近い水溶液は，強い酸性を示す水溶液である。

ミスに注意 ❸❶❷陽イオンは陰極に，陰イオンは陽極に引かれて移動する。

ヒント ❹中性のpHは７である。

［解答▶p. 2］

Step 1 基本チェック

中和と塩

10分

赤シートを使って答えよう!

❶ 酸とアルカリを混ぜたときの変化

□ 酸の [水素イオン] とアルカリの水酸化物イオンから [水] が生じることにより，酸とアルカリがたがいの性質を打ち消し合う反応を [中和(ちゅうわ)] という。

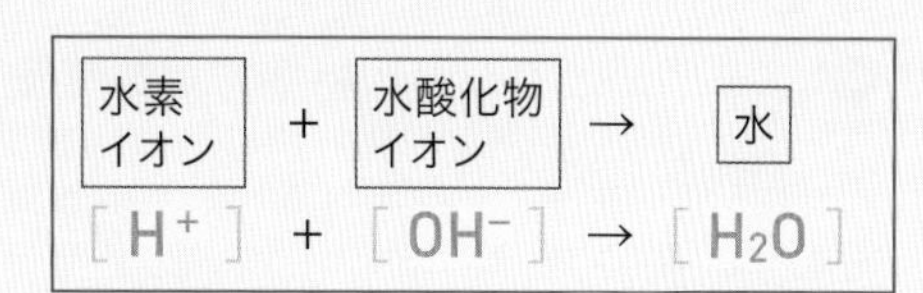

□ 中和

□ 水酸化ナトリウム水溶液(すいようえき)に塩酸を加えて中性にし，水を蒸発(じょうはつ)させると，[塩化ナトリウム] が得られる。このように，アルカリの [陽イオン] と酸の陰(いん)イオンとが結びついてできた物質を [塩(えん)] という。

□ 塩

□ 塩(えん)には，水にとけやすいものと，水にとけにくいものがある。

「中和」と「中性」をまちがえないように注意しよう。

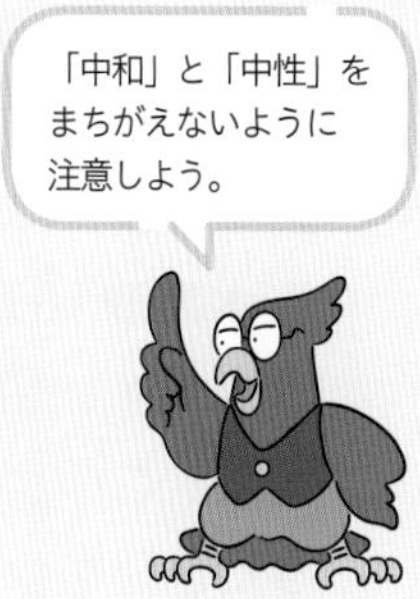

❷ イオンで考える中和

□ 水溶液が酸性もアルカリ性も示さない状態，つまり，水溶液中に水素イオンも水酸化物イオンもなくなった状態が [中性] である。

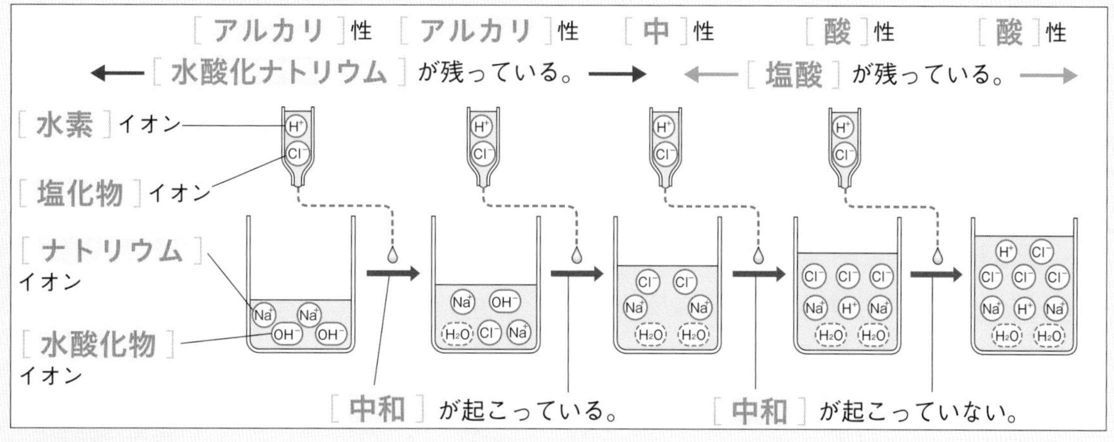

□ 中和のモデル

中和とは何か。文章と化学式で書けるようにしておこう。

Step 2 予想問題 中和と塩

20分
（1ページ10分）

【こまごめピペットの使い方】

❶ 少量の液体を必要な量だけとる器具として，こまごめピペットが使われる。これについて，次の問いに答えなさい。

□ ❶ こまごめピペットの持ち方として正しいのは，㋐～㋓のどれか。記号で答えなさい。（　　）

㋐ 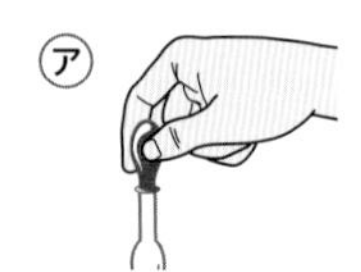
㋑ 
㋒ 
㋓ 

□ ❷ 液体を吸いこむとき，ゴム球に流れこまないように注意する。この理由を，簡単に書きなさい。

（　　　　　　　　　　　　　　　　　　　　）

【酸とアルカリを混ぜたときの変化】

❷ 図1のように，水酸化ナトリウム水溶液10 cm^3にフェノールフタレイン(溶)液を2，3滴加えた。この水溶液に，図2のように塩酸を少しずつ加えた。次の問いに答えなさい。

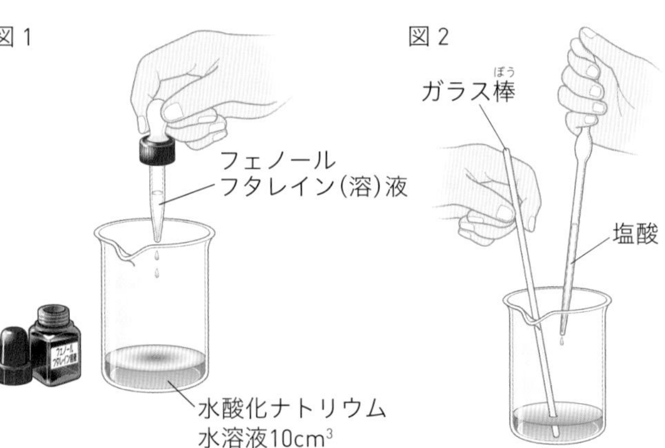

□ ❶ 水酸化ナトリウム水溶液はフェノールフタレイン(溶)液によって赤色に変化した。これに塩酸を加えていくと，何色に変化するか。次の㋐～㋓から選び，記号で答えなさい。（　　）

㋐青色　㋑緑色　㋒黄色　㋓無色

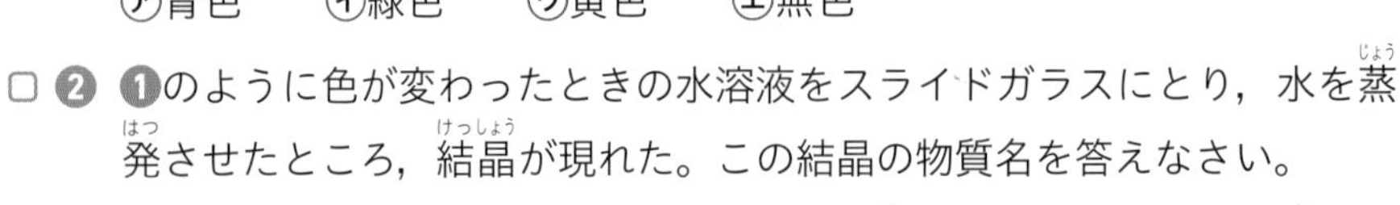

□ ❷ ❶のように色が変わったときの水溶液をスライドガラスにとり，水を蒸発させたところ，結晶が現れた。この結晶の物質名を答えなさい。

（　　　　　　）

□ ❸ 酸とアルカリを混ぜたときにできる，❷のような物質を何というか。

（　　　　）

ミスに注意 ❶❷理由を問われているので，「…から。」「…ため。」と答える。

ヒント ❷❶フェノールフタレイン溶液は，アルカリ性だけに反応する。

[解答▶p. 3]

【 塩酸と水酸化ナトリウムの反応 】

❸ 図のように，うすい塩酸にマグネシウムリボンを入れたところ，気体の水素が発生した。これについて，次の問いに答えなさい。

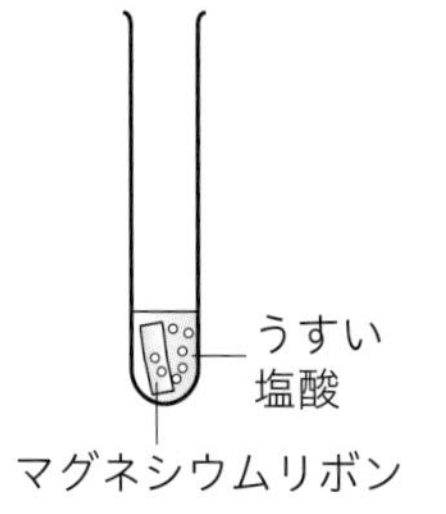

□ ❶ 試験管に水酸化ナトリウム水溶液を加えていくと，気体の発生はどうなっていくか。

（　　　　　　　　　　　　　　　　）

□ ❷ ❶の水溶液を入れたとき，それぞれの水溶液の性質が打ち消し合う。このような化学変化を何というか。（　　　　　）

□ ❸ 次の化学反応式は，❷のときに起こる反応を表したものである。①，②に当てはまる化学式を書きなさい。

H^+ ＋ （①　　　　　　） ⟶ （②　　　　　　）

【 中和のモデル 】

❹ 図Aは水酸化ナトリウム水溶液10 cm³にふくまれるイオンの数を，図Bは塩酸10 cm³にふくまれるイオンの数をモデルとして表している。これについて，次の問いに答えなさい。

A

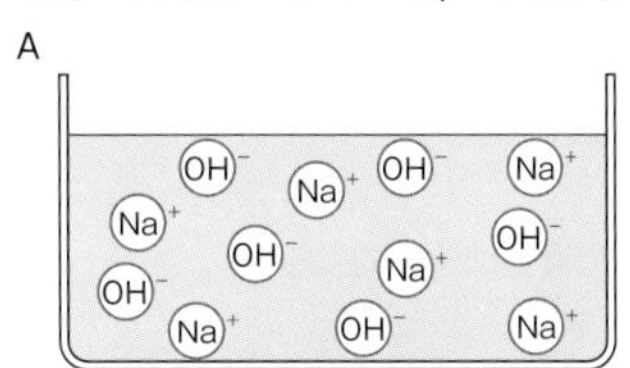

B

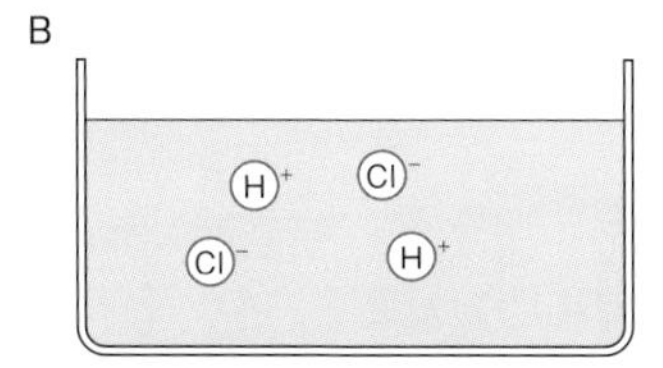

□ ❶ AとBを混ぜ合わせると，水溶液は何性になるか。

（　　　　　　）

□ ❷ ❶で混ぜ合わせた水溶液にA，Bいずれかの水溶液をさらに加えて，水溶液を中性にした。どちらの水溶液を加えたか。

（　　　　　）の水溶液

□ ❸ ❷のときの水溶液のpH（ピーエイチ）はいくつか。（　　）

□ ❹ ❷の後，❷の水溶液をさらに加えた。このとき中和（ちゅうわ）は起こっているか。

（　　　　　）

💡ヒント ❹❷中和とは，酸性とアルカリ性がたがいの性質が打ち消し合う反応である。

[解答▶p. 3]

Step 3 予想テスト 化学変化とイオン

30分 /100点 目標 70点

❶ 図のように，電極を電源装置につなぎ，塩化銅水溶液の電気分解を行った。次の問いに答えなさい。 技 思

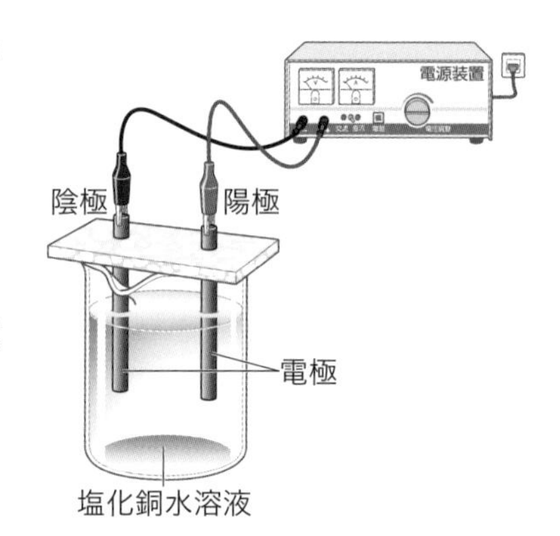

□ ❶ 電流を流す前の塩化銅水溶液は，何色をしているか。

□ ❷ 陰極の電極の変化を簡単に説明しなさい。

□ ❸ 陽極の電極からはある気体が発生した。この気体の化学式を答えなさい。

□ ❹ この実験を続けると，やがて水溶液の色がうすくなった。その理由を簡単に説明しなさい。

❷ イオンへのなりやすさについて調べたところ，マグネシウム＞亜鉛＞銅の順でイオンになりやすいことがわかった。次の問いに答えなさい。 思

□ ❶ 金属がイオンになるときは，陽イオンと陰イオンのどちらになるか。

□ ❷ 次の㋐～㋓のうち，金属片や水溶液に変化が現れるものをすべて選び，記号で答えなさい。

㋐ 銅片を硫酸銅水溶液に入れる。

㋑ 銅片を硫酸マグネシウム水溶液に入れる。

㋒ マグネシウム片を硫酸亜鉛水溶液に入れる。

㋓ 亜鉛片を硫酸銅水溶液に入れる。

点UP □ ❸ 無色透明の硝酸銀水溶液に銅線を入れたところ，銀色の結晶が現れ，硝酸銀水溶液が青色になった。この結果から，銅と銀では，どちらがイオンになりやすいといえるか。

❸ 図は，ダニエル電池を模式的に表したものである。次の問いに答えなさい。 技

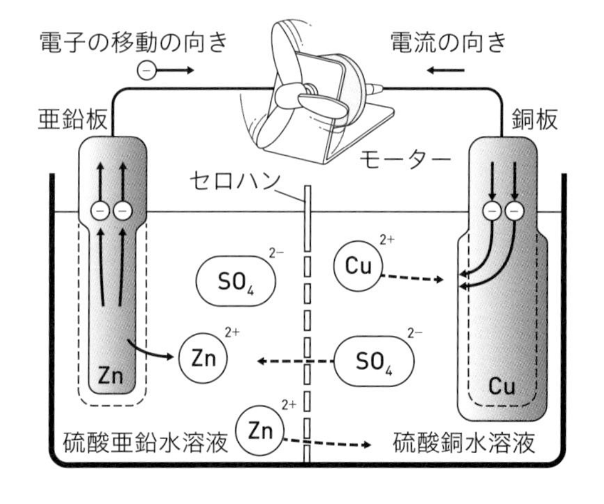

□ ❶ モーターをつなげたままにしておくと，亜鉛板と銅板はどのようになったか。それぞれ簡単に書きなさい。

□ ❷ －極になっているのは，亜鉛板，銅板のどちらか。

□ ❸ 次の式は，亜鉛板の表面で起こっている反応である。①にはあてはまる化学式を，②にはあてはまる数字を書きなさい。

$Zn \longrightarrow$ （ ① ）＋（ ② ）e^-

 成績評価の観点 技…観察・実験の技能 思…科学的な思考・判断・表現

❹ 塩酸に緑色のBTB(溶)液を加えると黄色になった。ここへ水酸化ナトリウム水溶液をこまごめピペットで少しずつ加えていきながら，水溶液の色の変化を調べた。次の問いに答えなさい。 思

□ ❶ BTB(溶)液の色から，塩酸は酸性であるとわかる。塩酸は，塩化水素という酸が水にとけたものである。「酸」とはどのような物質のことをいうか。「電離」「イオン」という言葉を用いて，簡単に書きなさい。

□ ❷ 水酸化ナトリウム水溶液を3滴加えたときに，ちょうど中性になった。このとき水溶液は何色になったか。また，このときのpHはいくつか。

点UP □ ❸ このまま水酸化ナトリウム水溶液を加えていくと，水溶液は青色に変化した。この実験において，中和が起こっているのは次の㋐～㋒のうちのどれか。すべて選び，記号で答えなさい。

㋐ 1滴目の水酸化ナトリウムを加えたとき。
㋑ 3滴目の水酸化ナトリウムを加えたとき。
㋒ 4滴目の水酸化ナトリウムを加えたとき。

❺ 図は，水酸化バリウム($Ba(OH)_2$)水溶液中にあるバリウムイオンのようすを表したものである。次の問いに答えなさい。

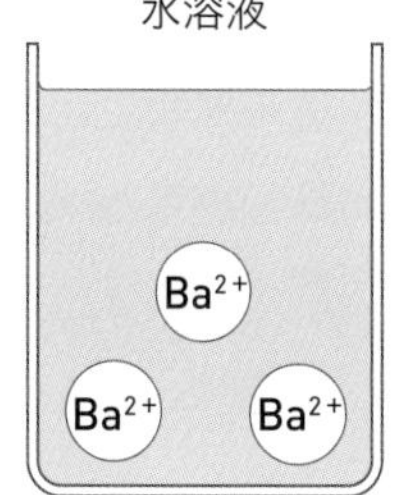

点UP □ ❶ 水酸化バリウム水溶液中にある陰イオンの種類とその数を，解答欄の図にかき入れなさい。

□ ❷ このビーカーに硫酸を加えたところ，白い沈殿が生じた。この物質は水にとけやすいといえるか。

□ ❸ ❷のように，アルカリの陽イオンと酸の陰イオンが結びついてできた物質を何というか。

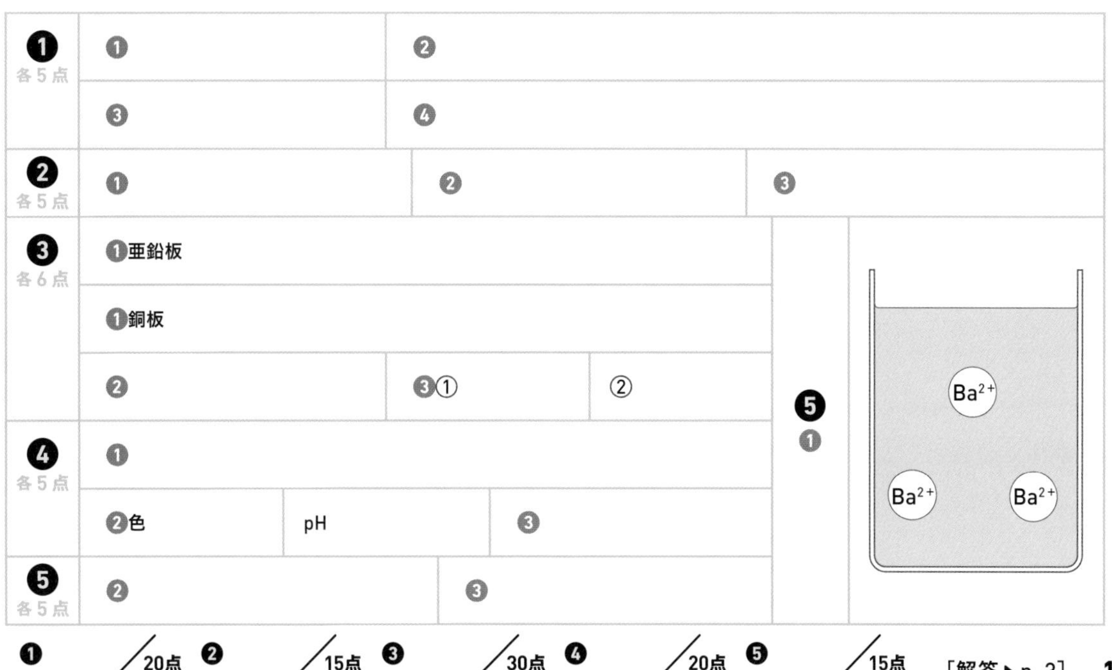

❶ 各5点	❶	❷		
	❸	❹		
❷ 各5点	❶	❷	❸	
❸ 各6点	❶亜鉛板			❺ ❶ (図: Ba^{2+} Ba^{2+} Ba^{2+})
	❶銅板			
	❷	❸①	②	
❹ 各5点	❶			
	❷色	pH	❸	
❺ 各5点	❷	❸		

❶ ／20点 ❷ ／15点 ❸ ／30点 ❹ ／20点 ❺ ／15点

[解答▶p. 3]

Step 1 基本チェック 生物の成長とふえ方

10分

赤シートを使って答えよう！

❶ 生物のふえ方

□ 生物が，自分と同じ種類の新しい個体(子)をつくることを［ 生殖 ］という。

□ 雌雄の親を必要とせず，親の体の一部が分かれて新しい個体ができることを［ 無性生殖 ］という。このうち，植物において，体の一部から新しい個体をつくることを栄養生殖という。

□ 雌雄の親がかかわって子を残すふえ方を［ 有性生殖 ］という。

□ 動物の雌の卵巣では［ 卵 ］が，雄の精巣では［ 精子 ］がつくられる。これらの細胞を［ 生殖細胞 ］という。

□ 卵の核と精子の核が合体することを［ 受精 ］という。

□ 受精卵から［ 胚 ］を経て成体になるまでの過程を［ 発生 ］という。

□ 被子植物では，花粉がめしべの柱頭につくと，［ 花粉管 ］を子房の中の胚珠に向かってのばす。花粉管が胚珠に達すると，花粉管の中を移動してきた［ 精細胞 ］の核と，胚珠の中の［ 卵細胞 ］の核が合体して，受精が行われる。

❷ 細胞のふえ方

□ 1つの細胞が2つに分かれることを［ 細胞分裂 ］という。生物の体は，細胞分裂でふえた細胞が大きくなることで成長する。

□ 細胞分裂がはじまるとひものような［ 染色体 ］が現れる。

□ 植物の根や茎の先端近くなど，細胞分裂がさかんに行われている部分を成長点という。

□ 多細胞生物の細胞には生殖細胞と体をつくっている体細胞があり，この細胞で行われる細胞分裂は［ 体細胞分裂 ］という。

□ 生殖細胞がつくられるときに行われる細胞分裂は染色体の数がもとの半分になる。このような細胞分裂を［ 減数分裂 ］という。

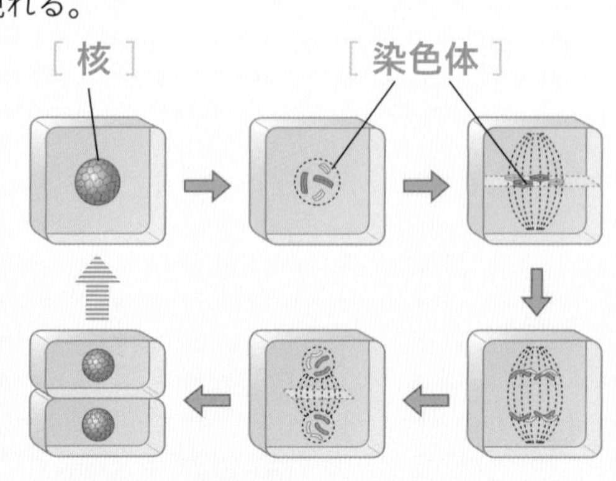

□ 植物の体細胞分裂

テスト に出る　生物の成長では，細胞分裂だけでなく細胞が大きくなることを忘れないようにしよう。

Step 2 予想問題 生物の成長とふえ方

【 雌雄を必要としない生殖 】

❶ 親の体の一部が分かれて，そのまま子になるような生殖について，次の問いに答えなさい。

□ ❶ 雌雄の親を必要とせず，体の一部が分かれて子になるような生殖を何というか。　（　　　　　）

□ ❷ ❶のうち，サツマイモやジャガイモのように，根や茎の一部から新しい個体をつくる生殖を何というか。　（　　　　　）

□ ❸ ❶のような生殖では，親と子の特徴を比べると，どのようになっているか。次の㋐，㋑から選び記号で答えなさい。　（　　　　）

㋐ 同じになる。　㋑ 同じになるとは限らない。

【 動物の有性生殖 】

❷ 図は，雌・雄の2匹のカエルの体内のようすを示したものである。次の問いに答えなさい。

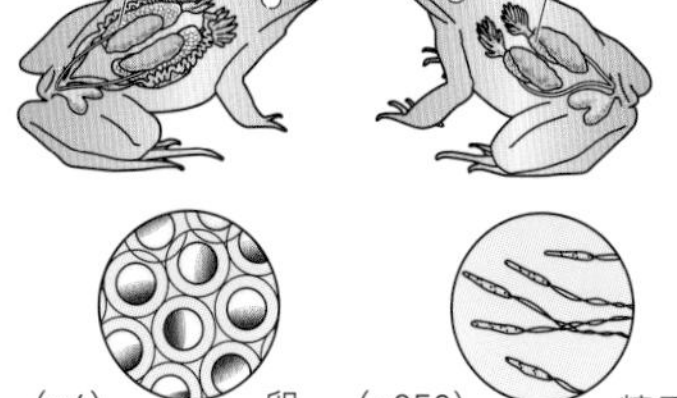

□ ❶ 図の㋐，㋑をそれぞれ何というか。

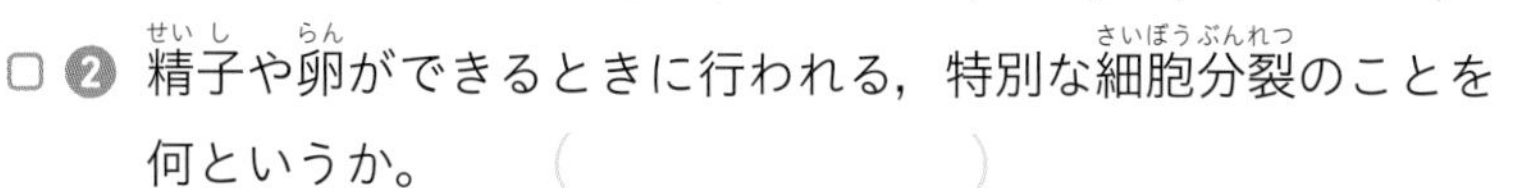

□ ❷ 精子や卵ができるときに行われる，特別な細胞分裂のことを何というか。　（　　　　　）

□ ❸ 卵と精子の核が合体すること何というか。　（　　　　）

□ ❹ ❸のときにできる新しい1個の細胞を何というか。　（　　　　）

□ ❺ ❸による生殖を何というか。　（　　　　　）

□ ❻ ❹の成長の順に，下の㋐～㋓を並べなさい。

（　　　　→　　　　→　　　　→　　　　）

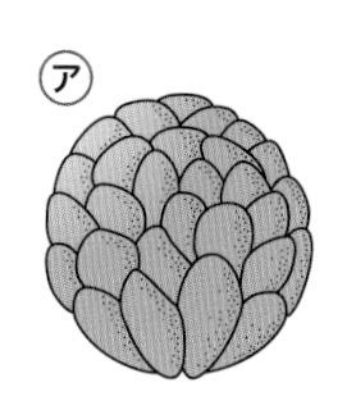

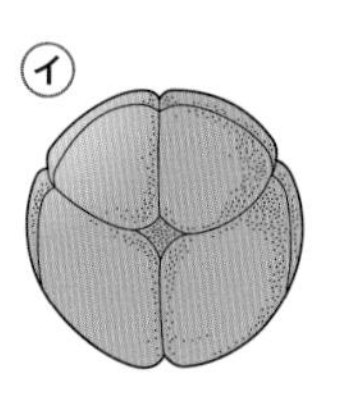

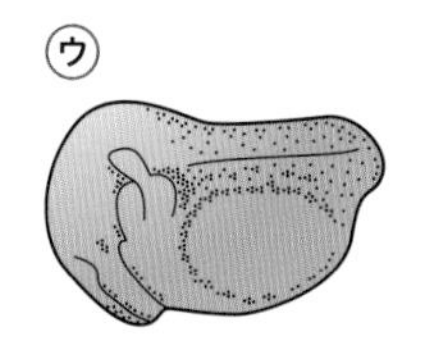

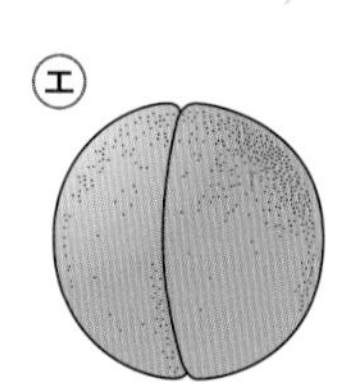

このような生殖の場合，子の特徴は親と同じになるとは限らないよ。

ヒント ❷❷染色体の数が減る細胞分裂のこと。

【植物の有性生殖】

❸ 図1は，被子植物の花のつくりを模式的に表したもので，図2は，花粉が柱頭についた後に花粉管がのびたようすである。次の問いに答えなさい。

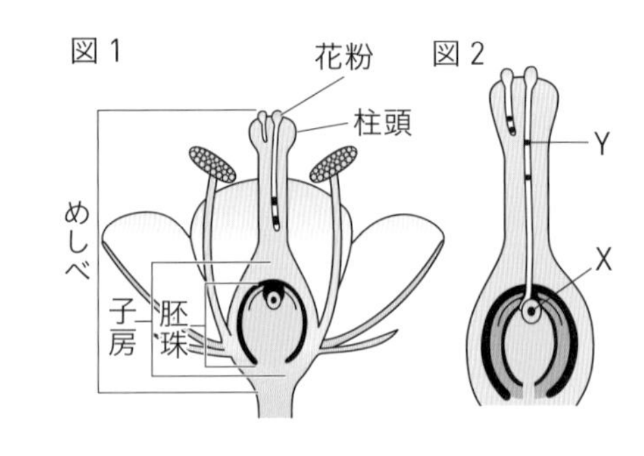

□ ❶ 花粉が柱頭につくことを何というか。
（　　　　）

□ ❷ 図2で，胚珠の中にあるXを何というか。
（　　　　）

□ ❸ 図2で，花粉管の中にあるYを何というか。（　　　　）

□ ❹ Xの核とYの核が合体することを何というか。（　　　　）

□ ❺ ❹の後，Xは，細胞の数をふやして何になるか。（　　　　）

【生物の成長と細胞分裂】

❹ 図1は，ソラマメの種子が発芽して，根が約2cmのびたとき，根の先端から等間隔に目盛りをつけたようすを示したものである。また，㋐～㋓は根が約4cmにのびたときのようすを示したものである。次の問いに答えなさい。

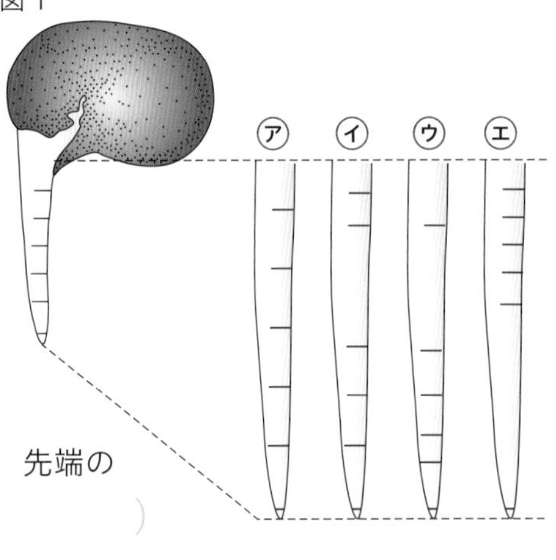

□ ❶ 根が4cmにのびたときのようすを正しく示したものは，図の㋐～㋓のどれか，記号で答えなさい。
（　　）

□ ❷ 顕微鏡で根の細胞を観察すると，根もとのほうと，先端のほうとでは，どちらの細胞が大きいか。（　　　　）

□ ❸ 図2のⓐとⓑでは，細胞の分裂がさかんな部分はどちらか。
（　　）

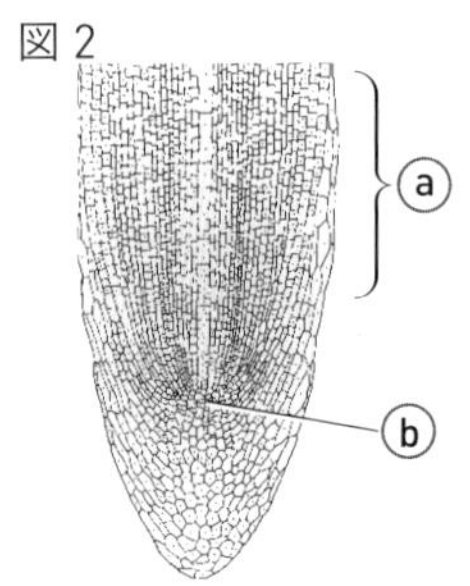

□ ❹ 生物の体が成長するとき，細胞がどうなることが必要か。2つ答えなさい。
（　　　　　　　　　　　　）
（　　　　　　　　　　　　）

ミスに注意 ❹❹細胞分裂だけでは，根は伸びない。

[解答▶p. 4]

Step 1 基本チェック 遺伝の規則性と遺伝子

■ 赤シートを使って答えよう！

❶ 親から子への特徴の伝わり方

- □ 生物がもつさまざまな形や性質の特徴(とくちょう)を［形質(けいしつ)］という。
- □ 形質が子やそれ以降の世代に現れることを［遺伝(いでん)］という。
- □ 遺伝は，染色体(せんしょくたい)にふくまれている［遺伝子(いでんし)］が親から子へ伝わることによって行われる。
- □ 同じ形質の個体をかけ合わせたとき，親，子，孫と代を重ねても，その形質がすべて親と同じである場合，これらを［純系(じゅんけい)］という。
- □ エンドウの種子の形の丸としわのように，同時に現れない形質が2つ存在するとき，このような形質のことを［対立形質(たいりつけいしつ)］という。
- □ 対立形質をもつ純系どうしをかけ合わせたとき，子に現れる形質を［顕性(けんせい)(の)］形質，現れない形質を［潜性(せんせい)(の)］形質という。

❷ 遺伝のしくみ

- □ 減数分裂(げんすうぶんれつ)の結果，対(つい)になっている遺伝子が分かれて別々の生殖細胞(せいしょくさいぼう)に入ることを［分離(ぶんり)の法則(ほうそく)］という。

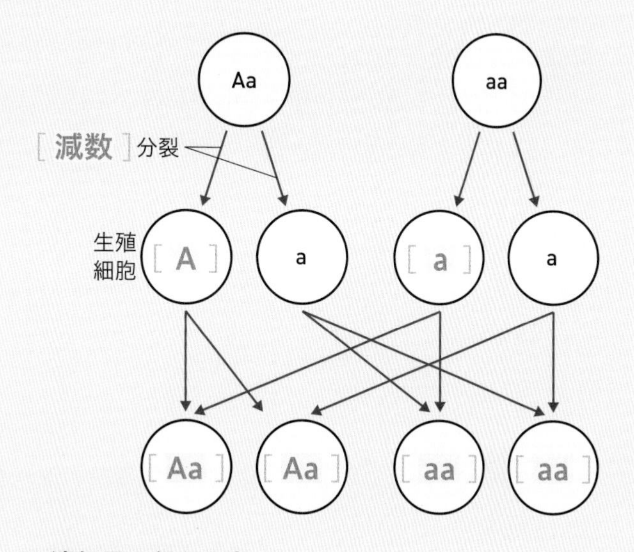

□ 遺伝子の伝わり方

❸ 遺伝子の本体

- □ 染色体には遺伝子がふくまれる。遺伝子の本体は［DNA］（デオキシリボ核酸(かくさん)）という物質である。

子や孫の遺伝子の組み合わせや形質はよく出題される。

Step 2 予想問題 遺伝の規則性と遺伝子

20分
（1ページ10分）

【遺伝の規則性】

❶ エンドウのしわのある種子をつくる純系の花粉を使って，丸い種子をつくる純系の花を受粉させた。丸い種子をつくる純系の遺伝子の組み合わせをAA，しわのある種子をつくる純系の遺伝子の組み合わせをaaで表すと，子の遺伝子の組み合わせは表1のようになり，すべて丸形の種子になった。

表1

生殖細胞の遺伝子	A	A
a	Aa	Aa
a	Aa	Aa

表2

生殖細胞の遺伝子	A	a
A	AA	①
a	Aa	②

□ ❶ エンドウを用いた実験で，遺伝の規則性を明らかにした神父はだれか。（　　）

□ ❷ 「丸」「しわ」のように，同時に現れない2つの形質を何というか。（　　）

□ ❸ エンドウの形質で，しわと丸のどちらが顕性形質か。（　　）

□ ❹ 対になった遺伝子が別々の生殖細胞に入ることを何というか。（　　）

□ ❺ Aaの遺伝子の組み合わせをもつ子どうしをかけ合わせた場合，孫に現れる遺伝子の組み合わせは表2のようになる。①，②にあてはまる遺伝子の組み合わせをそれぞれ書きなさい。

①（　　）　②（　　）

□ ❻ 表3は，孫の遺伝子の組み合わせと形質が現れる割合をまとめたものである。①〜④にあてはまる言葉や数を書きなさい。

①（　　）　②（　　）
③（　　）　④（　　）

表3

遺伝子の組み合わせ	形質	現れる割合
AA	丸い種子	1
Aa	①	②
aa	③	④

□ ❼ 孫の代では，丸い種子としわのある種子の現れる割合は整数で何対何になるか。　丸：しわ＝（　　）

遺伝子が世代を通じてどのように伝わっていくかが問われているよ。

ヒント ❶❸優性形質ともいう。

［解答▶p. 5］

【 親と子のつながり 】

❷ 図のA，Bは，動物の雌(めす)，雄(おす)それぞれの体細胞(たいさいぼう)にふくまれる染色体(せんしょくたい)を表している。

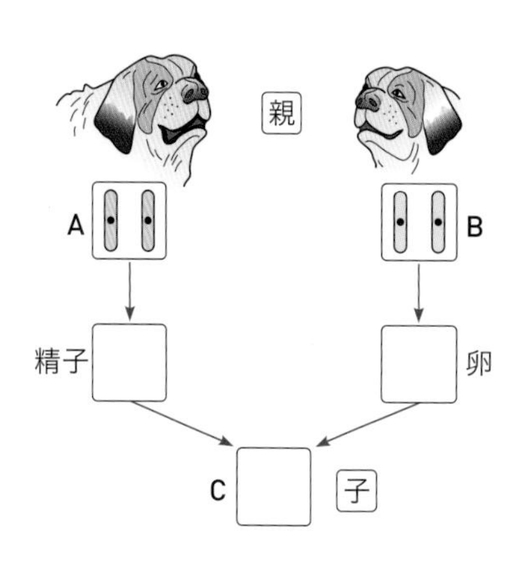

□ ❶ 生物のもつさまざまな形や性質を何というか。

（　　　　　）

□ ❷ ❶が子に伝わることを何というか。

（　　　　　）

□ ❸ 次の㋐，㋑のような分裂をそれぞれ何分裂というか。

㋐（　　　　　）

㋑（　　　　　）

㋐ 2本の染色体が1本ずつに分かれ，2つの細胞の中に入っていく。

㋑ 2本の染色体がそれぞれ複製されて，2つの細胞に2本ずつ入っていく。

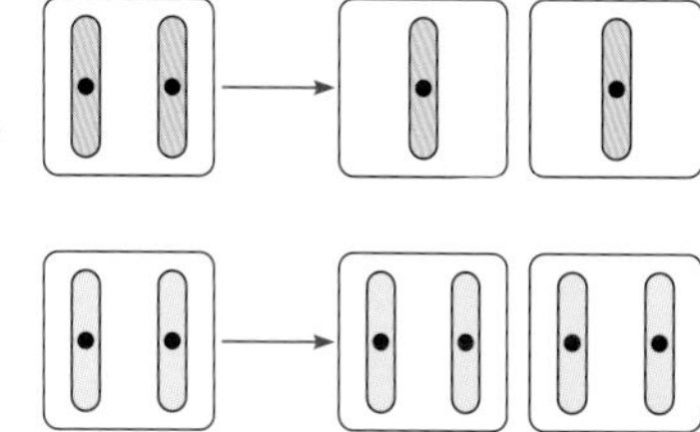

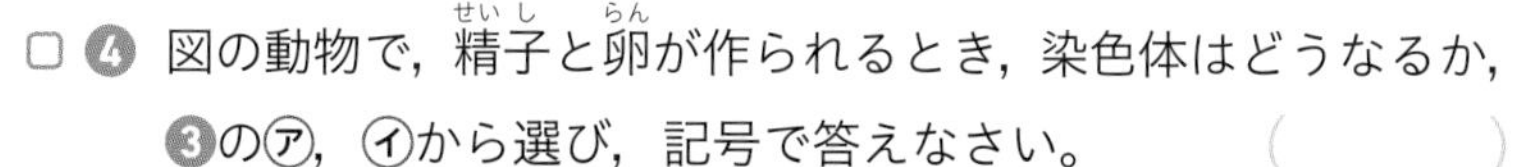

□ ❹ 図の動物で，精子(せいし)と卵(らん)が作られるとき，染色体はどうなるか，❸の㋐，㋑から選び，記号で答えなさい。（　　　）

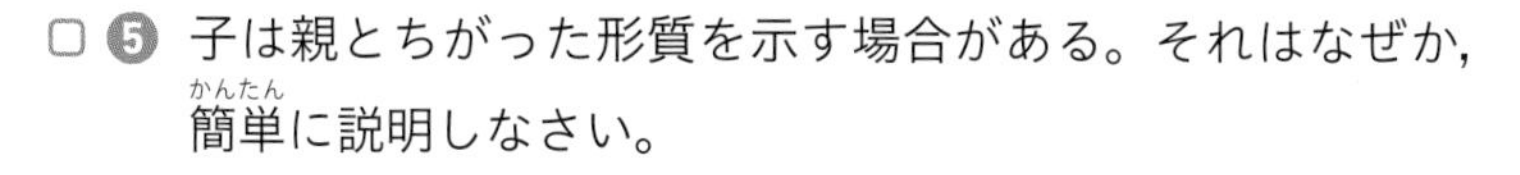

□ ❺ 子は親とちがった形質を示す場合がある。それはなぜか，簡単(かんたん)に説明しなさい。

（　　　　　　　　　　　　　　　　）

【 遺伝子の本体 】

❸ 遺伝は，細胞内の遺伝子が子の細胞に受けつがれることで起こる。

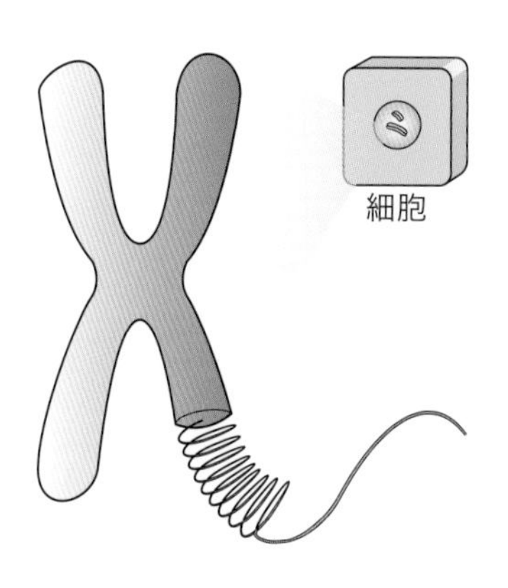

□ ❶ 遺伝子は，細胞の核の中のどの部分にあるか。

（　　　　　）

□ ❷ 遺伝子の本体は何という物質か。アルファベットで答えなさい。（　　　　　）

ヒント ❷❹有性生殖では，雌と雄の生殖細胞(せいしょくさいぼう)が受精して子ができる。

［解答▶p. 5］

Step 1 基本チェック 生物の種類の多様性と進化

10分

赤シートを使って答えよう！

❶ 生物の共通性と多様性

□ 生物は長い時間の中で世代を重ねる間に変化する。このような変化を生物の［進化］という。

❷ 進化の証拠

□ シソチョウ（始祖鳥）は，羽毛や［翼］のような前あしなどの，［鳥］類の特徴をもっているが，爪や口の［歯］などの，［は虫］類の特徴ももっている。

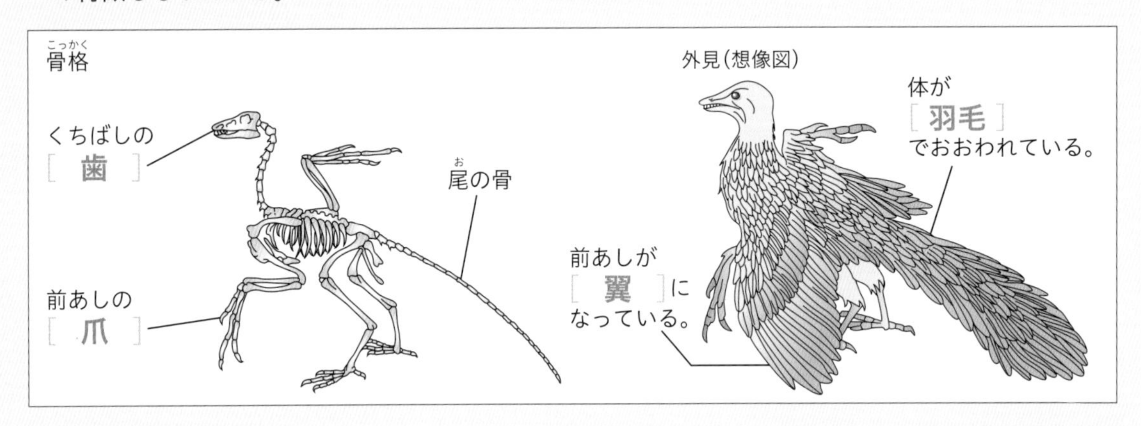

□ シソチョウ

□ 両生類・は虫類・哺乳類の前あし，鳥類の翼のように，形もはたらきもちがうのに，骨格の基本的なつくりが似ていて，起源が同じであったと考えられる器官を［相同器官］という。

❸ 生物の移り変わりと進化

□ 地球上に最初に現れた脊椎動物は［魚類］である。このうちのあるものが進化して［両生類］になり，さらに，［は虫類］，哺乳類，鳥類が出現したと考えられている。

□ 脊椎動物では，まず魚類が［水中］に現れ，魚類のあるものから両生類へ進化して［陸上］に進出した。

シソチョウの特徴の，どの部分が鳥類でどの部分がは虫類に似ているのかがよく出る。

Step 2 予想問題 生物の種類の多様性と進化

【脊椎動物の歴史】

❶ 図は，脊椎動物の出現する年代を表したもので，㋐～㋔は，それぞれの動物が地球上に現れた時点を示している。

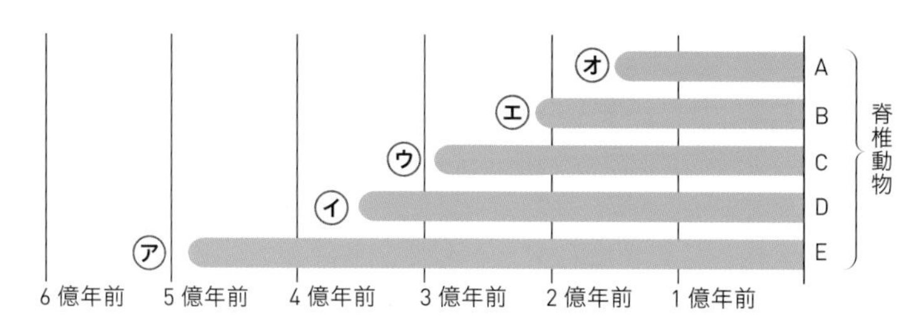

□ ❶ 図のA～Eの動物は，それぞれ何類か。

A（　　　類）　B（　　　類）　C（　　　類）
D（　　　類）　E（　　　類）

□ ❷ 脊椎動物が最初に陸上に進出したのは，図の㋐～㋔のどの時点か。

（　　　）

□ ❸ シソチョウは，2つのなかまの中間的な特徴をもっているため，進化の道すじをたどるための重要な証拠であると考えられている。この2つのなかまは何か。　（　　　類）（　　　類）

【進化の証拠】

❷ 図は，3種類の脊椎動物（クジラ，コウモリ，ヒト）の前あしの骨格を比較したものである。

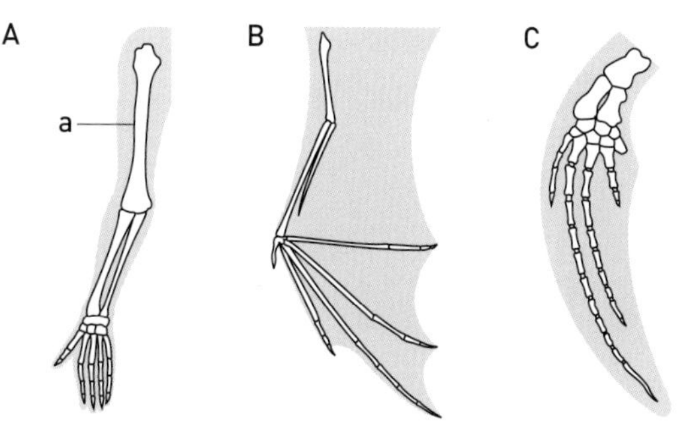

□ ❶ クジラの前あしを表しているものは，A～Cのどれか。（　　　）

□ ❷ B，Cの動物の骨のうち，図Aのaに相当する骨をぬりなさい。

□ ❸ これらの比較から何がわかるか。「器官」，「進化」という語句を用い簡単に書きなさい。

（　　　　　　　　　　　　　　　　）

□ ❹ このような器官を何というか。（　　　　　）

ミスに注意 ❶❶哺乳類の後に鳥類が出現している。

ヒント ❷❶クジラは海の中で泳ぐのに適した前あしをもっている。

［解答▶p. 6］

Step 3 予想テスト 生命の連続性

30分 /100点 目標 70点

❶ タマネギを水につけて根の成長のようすを観察した。次の問いに答えなさい。技

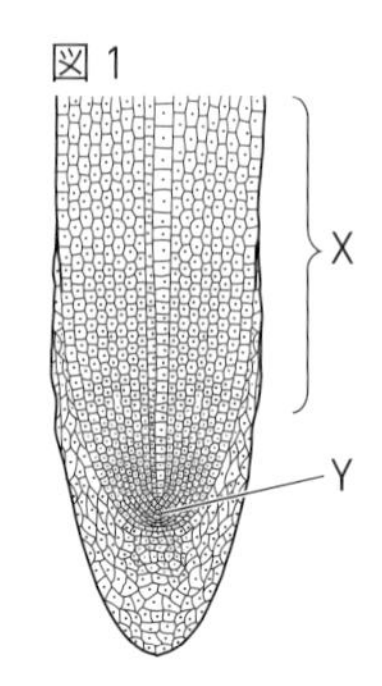

□ ❶ 細胞分裂のようすを観察するには，根のどのあたりを観察すればよいか。図１のX， Yから選び，記号で答えなさい。

□ ❷ 根の一部を取り出してスライドガラスにのせ，えつき針で細かくくずした後，5%塩酸を１滴落として３～５分待つ。この理由を簡単に書きなさい。

□ ❸ 図２のような細胞が観察された。Fをはじまりとして，細胞分裂の順にA～Fを並べなさい。

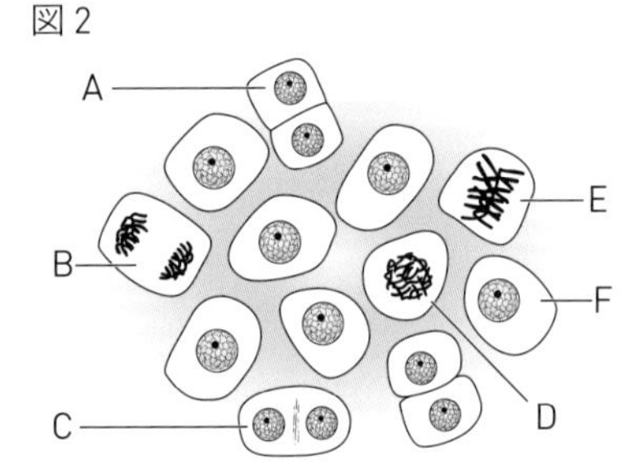

□ ❹ 細胞Dに見られるひものようなものを何というか。

□ ❺ ❹のひものようなものについて，その分裂前の数と，分裂後のそれぞれの細胞にある数は，どのような関係になっているか。

□ ❻ 次の文は，根が成長するしくみを説明したものである。［①］，［②］にあてはまる言葉を書きなさい。

水につけたタマネギの根が伸びるのは，細胞分裂によって細胞の数が［①］，その１つ１つの細胞が［②］なることで成長すると考えられる。

❷ 図は，被子植物の花のつくりを模式的に示したものである。次の問いに答えなさい。思

□ ❶ めしべの柱頭についた花粉からのびたAを何というか。

□ ❷ Aの中を通って卵細胞に向かっていくBを何というか。

□ ❸ Bの核と卵細胞の核が合体した後，受精卵は体細胞分裂をくり返して何になるか。

□ ❹ 受精後，胚珠は何になるか。

□ ❺ 植物は，このように受精して種子をつくるふえ方以外でも，体の一部から新しい個体をふやすことができる。その生殖方法を何というか。

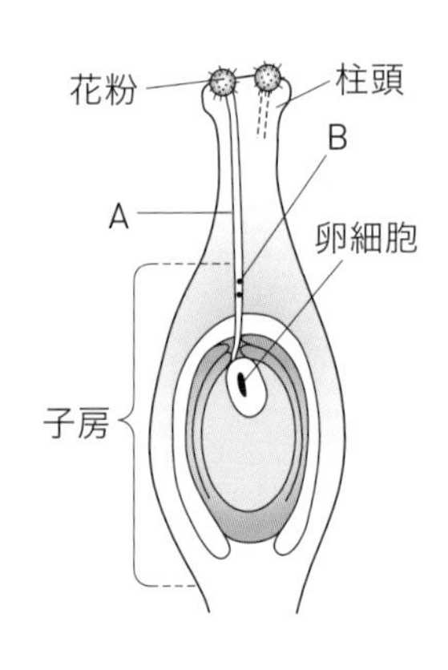

❸ エンドウには，種子を丸くする遺伝子Aと，しわにする遺伝子aがある。図のように，丸（AA）の種子としわ（aa）の種子をそれぞれまいて，花を咲かせて受精させた。次の問いに答えなさい。 思

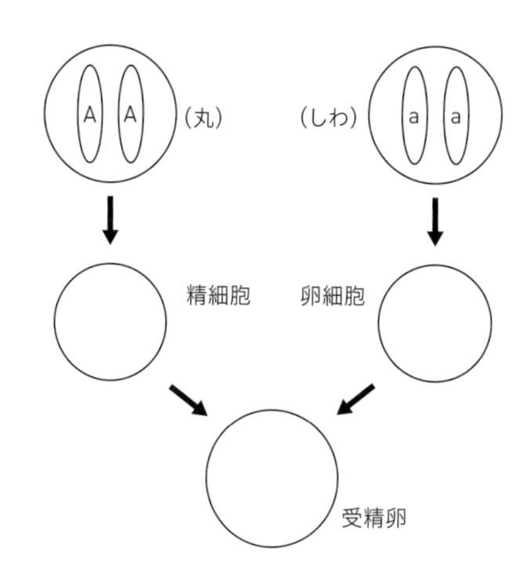

□ ❶ 丸（AA）の種子からできた個体の精細胞の染色体や遺伝子のようすを，右図にならって図で示しなさい。

□ ❷ ❶の精細胞（花粉）を，しわ（aa）の種子からできた個体のめしべの柱頭に受粉した。このときにできた受精卵の染色体や遺伝子のようすを図で示しなさい。

□ ❸ ❷の受精卵からできた種子は，どのような形をしているか。

□ ❹ ❸でできた種子をまいて，花を咲かせた。この花の花粉を同じ花の柱頭に自家受粉した。このとき，どのような遺伝子をもつ受精卵ができるか。３つの組み合わせを考えて，❷と同様に図で示しなさい。また，それぞれの受精卵からできた種子の形を答えなさい。

□ ❺ 丸い種子には，どのような遺伝子の組み合わせが考えられるか。すべて答えなさい。

点UP □ ❻ ❹でできた種子は，全部で約10000個であった。丸い種子は約何個あると考えられるか。

❶ 各５点	❶	❷	
	❸ F → → → → →		完答で５点
	❹	❺	
	❻①	②	
❷ 各５点	❶	❷	❸
	❹	❺	
❸ 各５点	❶ ○	❷ ○	❸
	❹① ○ 形（　） ② ○ 形（　） ③ ○ 形（　）		３つで15点
	❺	❻ 約	

❶ ／35点 ❷ ／25点 ❸ ／40点

［解答▶p. 6］

Step 1 基本チェック　太陽系・宇宙の広がり

10分

赤シートを使って答えよう！

❶ 月・太陽・地球

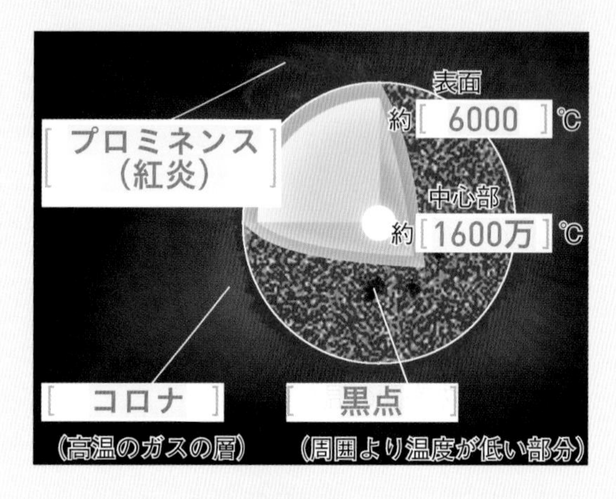

□ 太陽の表面と内部構造

□ 月には大気や水がほとんどなく，表面には，いん石の衝突(しょうとつ)でできたクレーターがある。

□ 太陽の表面にある，温度の低い［ 黒点(こくてん) ］を観察すると，少しずつ一方向に移動することから，太陽が［ 自転(じてん) ］していることがわかる。

□ 黒点が中央部で丸く，周辺部で縦長(たてなが)の形になることから，太陽は［ 球 ］形をしていることがわかる。

□ 太陽のように，みずから光をはなつ天体を［ 恒星(こうせい) ］という。

□ 地球が［ 地軸(ちじく) ］を中心に１日１回転するのにかかる時間を自転周期(じてんしゅうき)といい，太陽のまわりを１年で１周するのにかかる時間を［ 公転周期(こうてんしゅうき) ］という。

❷ 太陽系

□ 太陽とそのまわりの天体をまとめて［ 太陽系(たいようけい) ］といい，８個の［ 惑星(わくせい) ］がある。

□ 水星，金星，地球，火星は［ 地球(ちきゅう) ］型惑星(がたわくせい)といい，木星，土星，天王星，海王星は［ 木星(もくせい) ］型惑星(がたわくせい)という。

□ 惑星のほかにも火星と木星の間にある多くの［ 小惑星 ］，月のように惑星のまわりを公転している［ 衛星 ］，氷やちりが集まってできたすい星，おもに海王星より外側にある冥王星(めいおうせい)などの［ 太陽系外縁天体(がいえん) ］がある。

地球型惑星は，岩石や金属でできているので密度が大きく，木星型惑星は，水素やヘリウムが多いから密度が小さいよ。

❸ 宇宙の広がり

□ 恒星までの距離(きょり)は光が１年間に進む距離を１［ 光年(こうねん) ］とした単位で表し，明るさは等級で表す。

□ 太陽系をふくむ多数の恒星などの集まりを［ 銀河系(ぎんがけい)（天の川銀河）］，その外にある多数の恒星などの集まりを［ 銀河(ぎんが) ］という。

テストに出る　黒点の動きや形から，太陽が球形で自転していることを考える問いがよく出る。

Step 2 予想問題 太陽系・宇宙の広がり

【太陽】

❶ 図は，太陽の表面のようすを表したものである。次の問いに答えなさい。

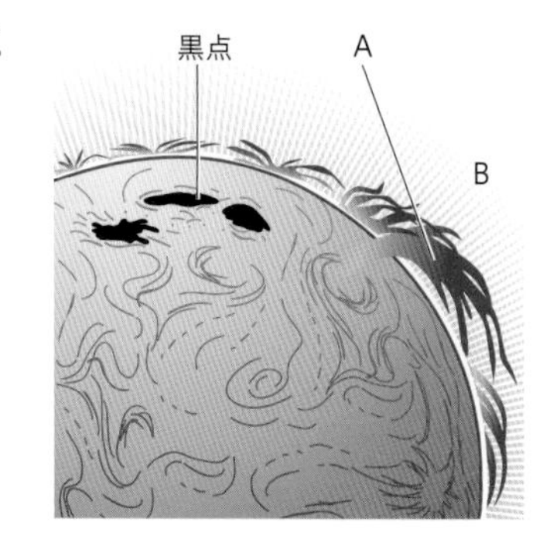

□ ❶ 太陽は，固体・液体・気体のどれでできているか。
（　　　　）

□ ❷ Aのような部分を何というか。（　　　　）

□ ❸ Bのように，太陽をとりまく高温の気体を何というか。
（　　　　）

□ ❹ 太陽の表面の温度と，中心部の温度を，次の㋐～㋓から選び，記号で答えなさい。　表面（　　）　中心部（　　）
㋐ 約4000 ℃　㋑ 約6000 ℃　㋒ 約100万 ℃　㋓ 約1600万 ℃

□ ❺ 黒点（こくてん）はなぜ黒く見えるのか。（　　　　　　　　）

□ ❻ 太陽の中心付近で円形に見えた黒点は，太陽の端（はし）のほうにくるとだ円形に見える。このことから，どのようなことがわかるか。
（　　　　　　　　）

□ ❼ 太陽のように，みずから光りかがやいている天体を何というか。
（　　　　）

【太陽系（たいようけい）のさまざまな天体】

❷ 次の問いに答えなさい。

□ ❶ 太陽のまわりを公転（こうてん）している天体を何というか。（　　　　）

□ ❷ ❶のまわりを公転している小さな天体を何というか。（　　　　）

□ ❸ 氷やちりが集まってできていて，だ円軌道（きどう）で太陽のまわりを公転する天体を何というか。（　　　　）

□ ❹ 火星と木星の間にあり，❷と同じ向きに公転している無数の小さな天体を何というか。（　　　　）

□ ❺ 太陽と太陽を中心に公転している天体の集まりを何というか。
（　　　　）

❶の天体を地球から観察すると，星座の中を惑う（決まった動きをせずうろうろすること）ように見えるよ。

ヒント ❶❶太陽はおもに水素とヘリウムのガスでできている。

ミスに注意 ❶❻「どんなことがわかるか」と問われているので「…こと。」と答える。

［解答▶p. 8］

【太陽系】

❸ 図は，太陽系のおもな天体である。次の問いに答えなさい。

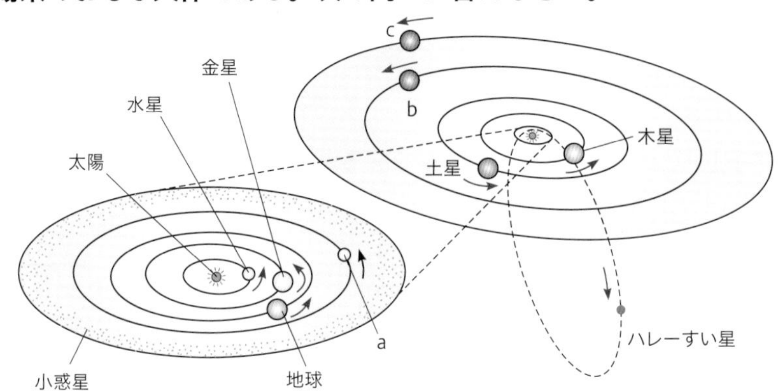

□ ❶ a～c の天体の名称をそれぞれ答えなさい。

a（　　　　）　b（　　　　）　c（　　　　）

□ ❷ 地球の衛星(えいせい)は何か。（　　　　）

□ ❸ 太陽系で赤道半径，質量が最大の惑星(わくせい)は何か。（　　　　）

□ ❹ 特徴(とくちょう)のあるリングをもち，太陽系でもっとも平均密度(みつど)が小さい惑星は何か。（　　　　）

□ ❺ 公転周期(こうてんしゅうき)がもっとも短い惑星は何か。（　　　　）

【太陽系の外にある天体】

❹ 太陽系の外にある天体と太陽について，次の問いに答えなさい。

□ ❶ みずからかがやく星座の星などの天体を何というか。

（　　　　）

□ ❷ 光年(こうねん)とは，どのような距離(きょり)を単位としたものか。

（　　　　）

□ ❸ 表は，星座を形づくるいくつかの星と太陽についてまとめてある。

① 見かけ上，一番明るい星はどれか。（　　　　）

② 表のような星座をつくる星が無数に集まったものを何というか。（　　　　）

星の名前	等級
リゲル	0.1
シリウス	−1.5
北極星	2.0
太陽	−27
アンタレス	1.0～1.8
ベテルギウス	0.4～1.3

ヒント ❸❺太陽から離れるほど，公転周期が長くなる。

[解答▶p. 8]

Step 1 基本チェック 天体の動き

赤シートを使って答えよう！

❶ 太陽の動き

- □ 太陽の1日の動きは，北極側から見て地球が［反時計］回りに自転しているために起こる見かけの動きで，これを太陽の［日周運動］という。
- □ 太陽が真南にくるときを［南中］といい，このときの太陽の高度を［南中高度］という。
- □ 地球は，［地軸］が公転面に垂直な方向に対して23.4°傾いたまま，自転しながら公転している。このため，季節によって太陽の南中高度や昼間の長さが変わり，四季が生じる。
- □ 季節によって気温が変化するのは，太陽の光が当たる［角度］によって，単位面積あたりに地面が受けるエネルギーが変わるからである。

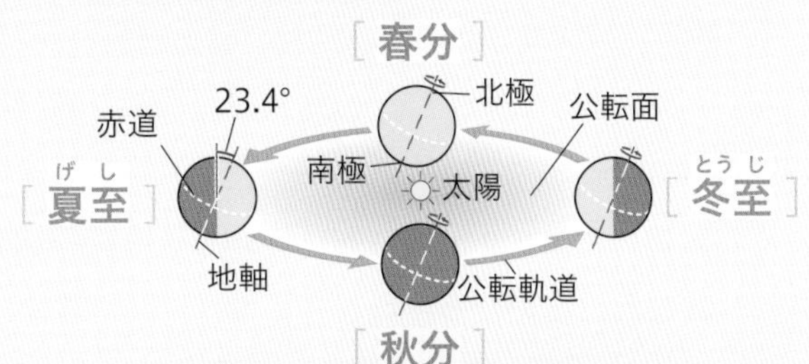

※［　］には春分，夏至，秋分，冬至のどれかを答える。

□ 地軸の傾きと季節

❷ 星座の星の動き

- □ 天体の位置や動きを示すために，空を球状に表したものを［天球］という。この球上の天体の位置は，方位と高度を用いて表す。
- □ 北の空の星は，［北極星］を中心として1時間に約15°動き，東の空に見えた星は，やがて西に動く。これを星（天体）の［日周運動］という。
- □ 星は，緯度によって動きがちがって見える。
- □ 太陽は，地球の公転によって，星座の中を動いているように見える。この星座の中の太陽の通り道を［黄道］という。
- □ 天球上の星座は，1年で1周して見える。1か月に約30°動く。このような星のみかけの動きを，星座の星（天体）の［年周運動］という。

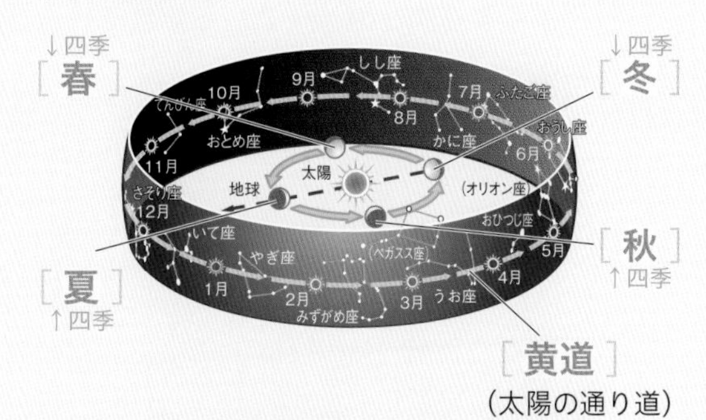

□ 地球の公転と黄道上の太陽の動き

透明半球上の長さから時間を求める問題がよく出るので，計算できるようにしておこう。

Step 2 予想問題 天体の動き

30分（1ページ10分）

【太陽の１日の動き】

❶ 図は，北半球で太陽の１日の動きを記録した透明半球である。

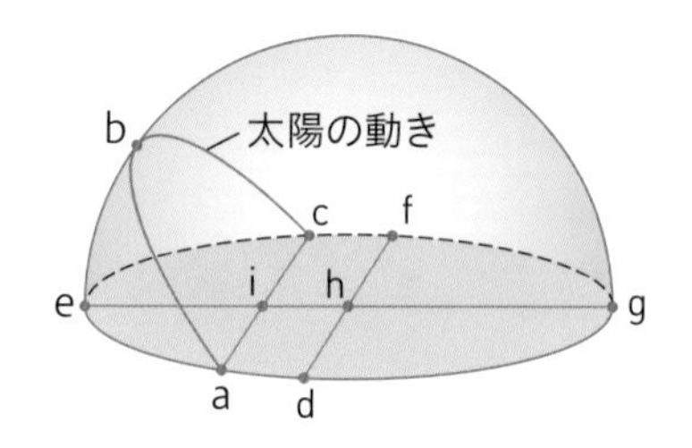

□ ❶ 観測者の位置はどこか。a～ｉの記号で答えなさい。
（　　　）

□ ❷ 真東の方位を示しているのはどれか。a～ｉの記号で答えなさい。（　　　）

□ ❸ ∠bheは何を表しているか。なお，bは，真南と天頂を結ぶ線の上にある。
（　　　　　）

□ ❹ 太陽の位置を１時間おきに観測し，その記録を紙テープにうつしとったところ，９時から10時までの間が3.0 cmであった。日の出から９時までの間が6.75 cmだとすると，この日の日の出は何時何分か。
（　　　時　　　分）

【太陽の動きと季節の変化】

❷ 図１は，地球が太陽のまわりを自転しながら公転しているようすを表している。次の問いに答えなさい。

図１

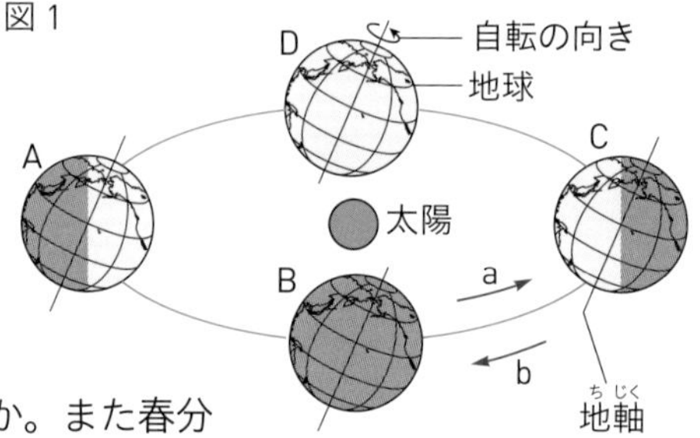

□ ❶ 図１で，地球はa，bのどちらの向きに公転しているか。（　　　）

□ ❷ 春分の日の地球の位置は，図１のＡ～Ｄのどの位置か。また春分の日の昼の長さを図２のⓐ～ⓓから，春分の日の太陽の日周運動のようすを図３のＸ～Ｚからそれぞれ選び，記号で書きなさい。

位置（　　　）　昼の長さ（　　　）　運動のようす（　　　）

図２〔時刻〕

日の入り / 昼の長さ / 日の出 / 〔月〕 / ⓐ ⓑ ⓒ ⓓ

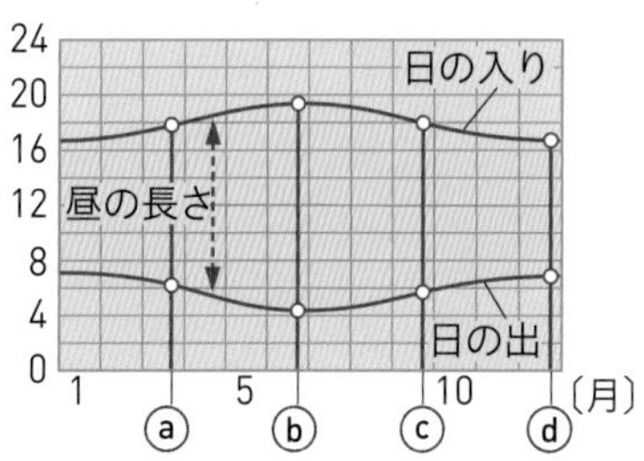

図３

X Y Z / 南 / 西 / 北 / 東

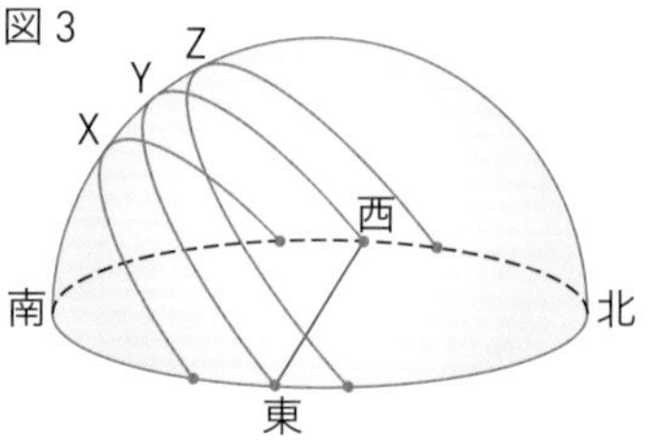

ミスに注意　❶❹太陽が動く時間を求めた後，９時から引くのを忘れないようにする。

ヒント　❷❷春分と秋分の日は，昼と夜の時間が同じになる。

［解答▶p. 9］

【北の空の1日の星の動き】

❸ 図のA，Bはある日の夜，日本のある場所で北に見えるカシオペヤ座の位置を示したもので，恒星Oをほぼ中心に回転して見える。ただし，Bは20時30分に見える位置である。次の問いに答えなさい。

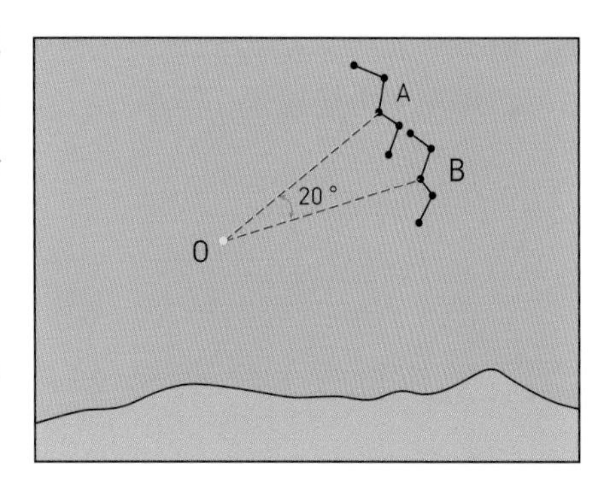

□ ❶ 恒星Oの名称を答えなさい。（　　　　）

□ ❷ 恒星Oはほとんど動かない。その理由を「地軸」という語句をつかって簡単に説明しなさい。

（　　　　　　　　　　　　　　　　　　　　）

□ ❸ この日，カシオペヤ座がAの位置に見える時刻を答えなさい。

（　　　　　　　　）

星は1日で360°回転することから，1時間で回転する角度がわかるよ。

□ ❹ 次の文の（　）にあてはまる言葉を書きなさい。

地球は（①　　　）を軸とし，1日に（②　　）回，（③　　）から（④　　）へ（⑤　　　）しているため，すべての天体が1日に②回，地球の⑤とは逆の方向に向かって回転して見える。

【オリオン座の年周運動】

❹ 図は，毎月15日の真夜中（0時）のオリオン座が見える位置を調べてスケッチしたものである。次の問いに答えなさい。

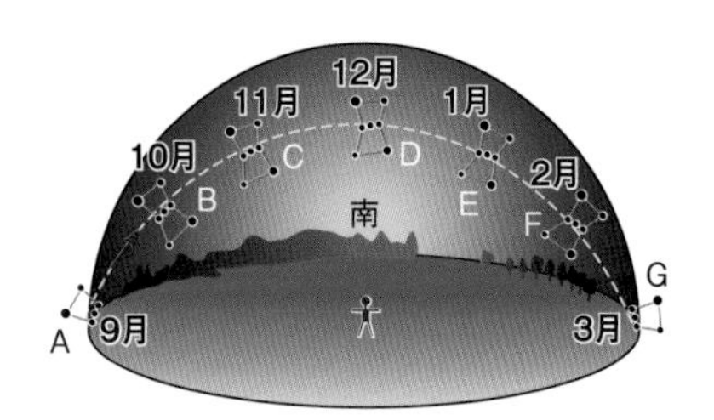

□ ❶ オリオン座は，季節とともに東，西のどちら向きに移動しているか。（　　　）

□ ❷ オリオン座は9月15日～3月15日まで，約何度動いているか。（約　　　　）

□ ❸ オリオン座は1か月に約何度動いているか。また，1日では約何度動いているか。

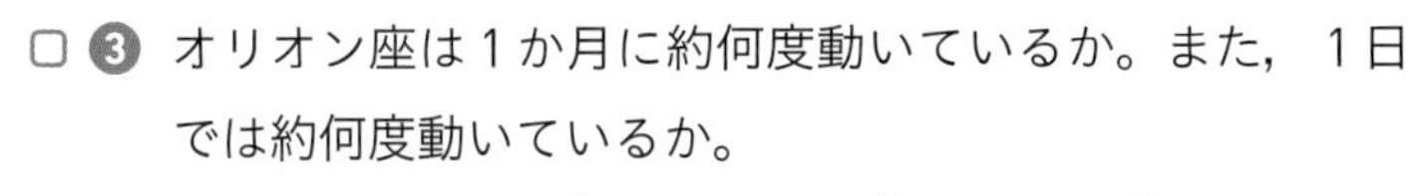

1か月で（約　　　　）　1日で（約　　　　）

□ ❹ オリオン座が図のように動いて見えるのは，地球の何が原因か。

（　　　　）

□ ❺ 10月15日，オリオン座が真南にくるのは何時ごろか。

（　　　　　ごろ）

□ ❻ 12月15日，Bの位置にオリオン座が見えるのは何時ごろか。

（　　　　　ごろ）

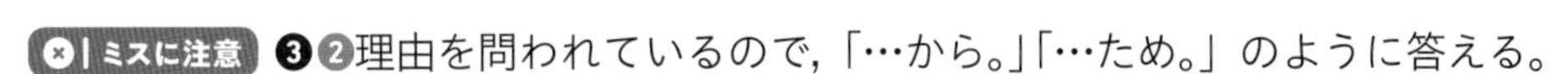

ミスに注意　❸❷理由を問われているので，「…から。」「…ため。」のように答える。

ヒント　❹❸1周360°を12か月で割ると1か月あたりの角度がわかる。

［解答▶p. 9］

【観察地の緯度(いど)と天体の動き】

❺ 秋分の日の太陽の動きを記録した透明半球がある。次の①～③はどの場所での記録か。下の㋐～㋓から選び，記号で答えなさい。

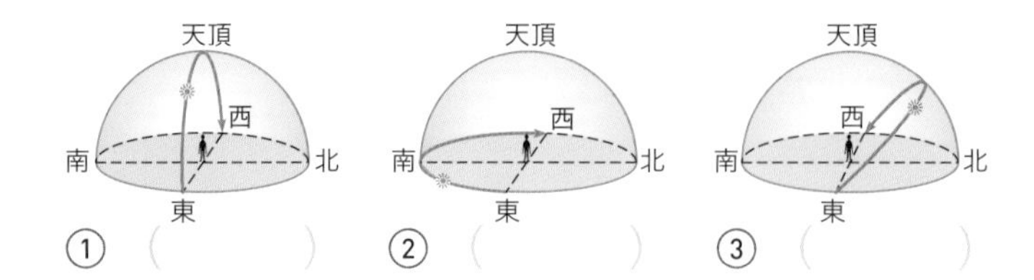

① (　　　)　② (　　　)　③ (　　　)

㋐ 東京
㋑ オーストラリア
㋒ 赤道
㋓ 北極

【太陽の１年の動き】

❻ 図１は，天球にある星座のうち，見かけ上，太陽と重なって見える12の星座(せいざ)と太陽，地球の位置を示した図である。

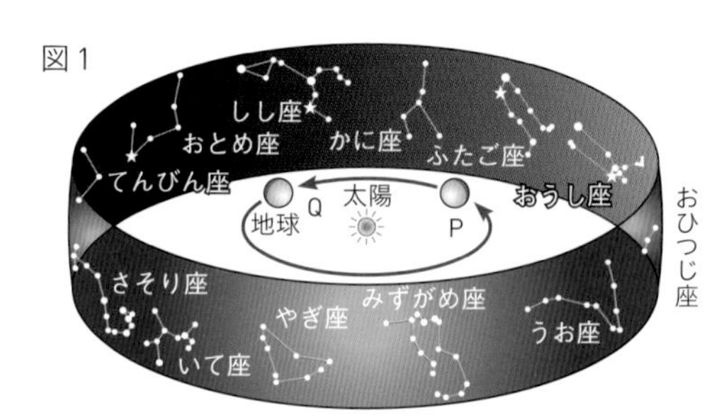

□ ❶ 地球から見ると星座の間を太陽が動いて見える。この太陽の通り道を何というか。 (　　　)

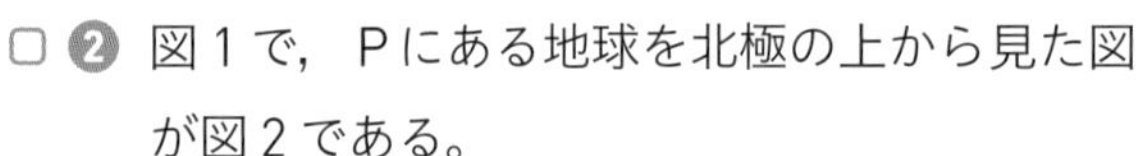

□ ❷ 図１で，Ｐにある地球を北極の上から見た図が図２である。

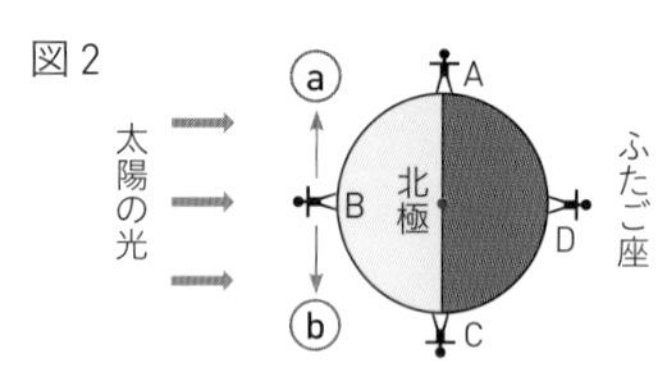

① 太陽は何座の方向に見えるか。次の㋐～㋓から選びなさい。 (　　　)
㋐ ふたご座　㋑ おとめ座　㋒ いて座　㋓ うお座

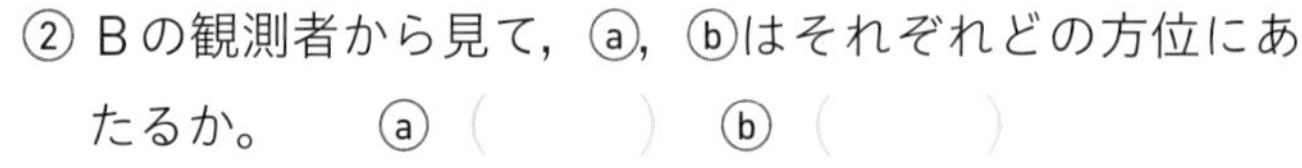

② Ｂの観測者から見て，ⓐ，ⓑはそれぞれどの方位にあたるか。 ⓐ (　　　) ⓑ (　　　)

③ 夕方に位置している観測者はＡ～Ｄのうちどれか。 (　　　)

④ 夕方，東の空にある星座を①の㋐～㋓から選びなさい。 (　　　)

⑤ 真夜中に西の空にある星座を①の㋐～㋓から選びなさい。 (　　　)

□ ❸ ＰからＱまで動くのに約何か月かかるか。 (約　　　)

太陽は，12星座の位置に１か月ごとに移動して見えるよ。

ヒント ❺秋分の日は，日本では真東から太陽がのぼり，南を通って真東に沈む。

ミスに注意 ❻❷星座は地球から非常に遠い。図１の星座は天球上の見かけの位置である。

[解答▶p. 9]

Step 1 基本チェック

月や金星の動きと見え方

赤シートを使って答えよう！

❶ 月の動きと見え方

- ▢ 月は，ほぼ1か月周期で，新月→［三日月］→上弦（じょうげん）の月→［満月］→下弦（かげん）の月→三日月とは逆向きの月→新月のように，形を変えて見える。
- ▢ 月は，［太陽］の光を反射（はんしゃ）して地球のまわりを［公転］するため，満ち欠けして見える。
- ▢ 月が太陽と重なり，太陽がかくされる現象を［日食（にっしょく）］という。太陽の全体がかくされる皆既（かいき）日食や，一部がかくされる部分日食がある。
- ▢ 月の全体，または一部が，地球の影（かげ）に入る現象を［月食（げっしょく）］という。

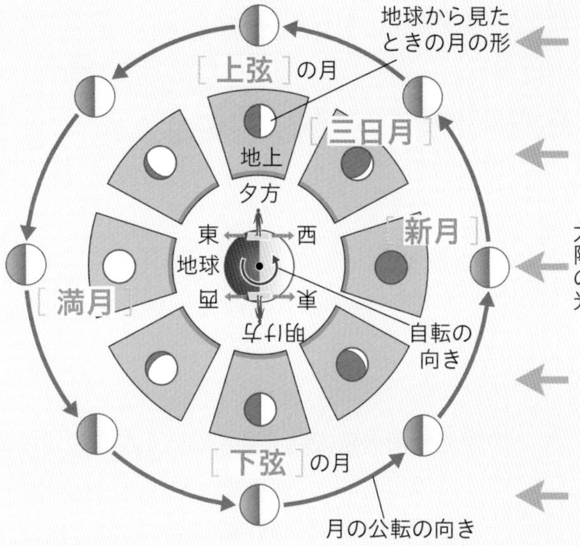

地球から見たときの月の形
［上弦］の月
［三日月］
［新月］
［満月］
［下弦］の月
地上
夕方
東　西
地球
西　東
明け方
自転の向き
太陽の光
月の公転の向き

▢ 月の見え方

❷ 金星の動きと見え方

- ▢ 金星は地球の［内側］を公転しているので，［真夜中］に見ることはできず，夕方の［西］の空か，明け方の［東］の空で見ることができる。また，地球と公転周期が異（こと）なるため，太陽・地球・金星の位置関係が変わり，見える方向や見かけの［大きさ］を変えながら［満ち欠け］もする。

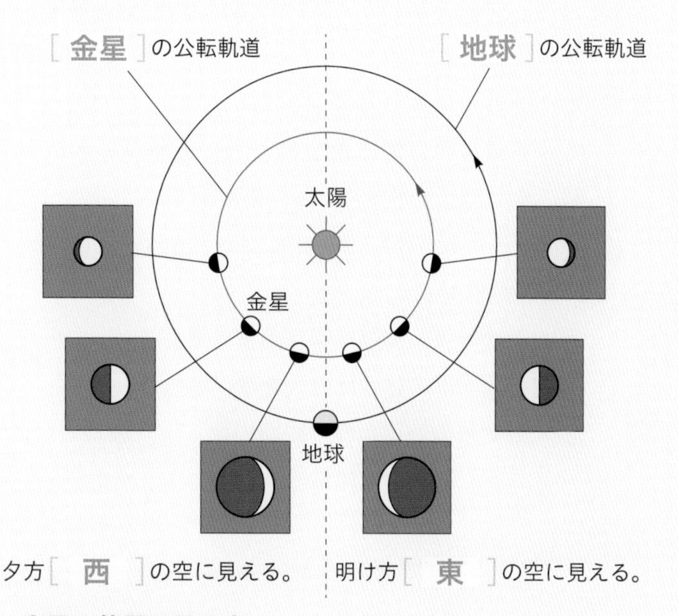

▢ 金星の位置と見え方

地球から見た形や大きさと，太陽と地球と月や金星の位置関係をよく理解しておこう。

Step 2 予想問題　月や金星の動きと見え方

20分
（1ページ10分）

【月の満ち欠け】

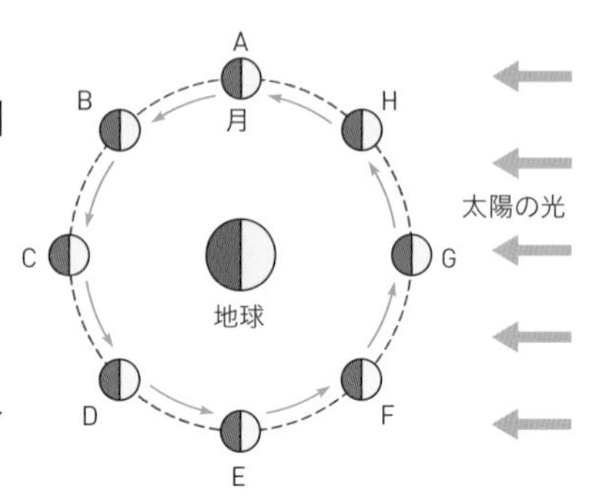

❶ 図は，月が太陽の光を反射しながら，地球のまわりを回っているようすを示している。次の問いに答えなさい。

□ ❶ 新月と満月は，それぞれA～Hのどこにきたときか。

新月（　　）　満月（　　）

□ ❷ 肉眼で見たとき，下のような形に見える月の位置は，A～Hのどれか。

① 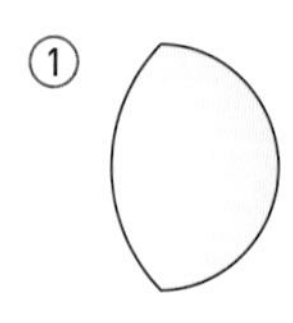
② 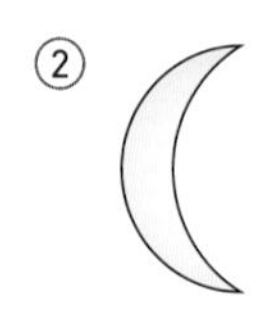
③ 
④ 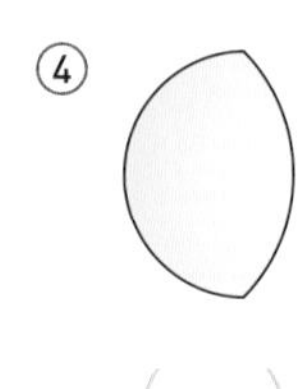

（　　）　（　　）　（　　）　（　　）

□ ❸ 日没（にちぼつ）直後に南の空に月が見えているときの月の位置は，A～Hのどれか。

（　　）

【日食（にっしょく）・月食（げっしょく）】

❷ 図を見て，次の問いに答えなさい。

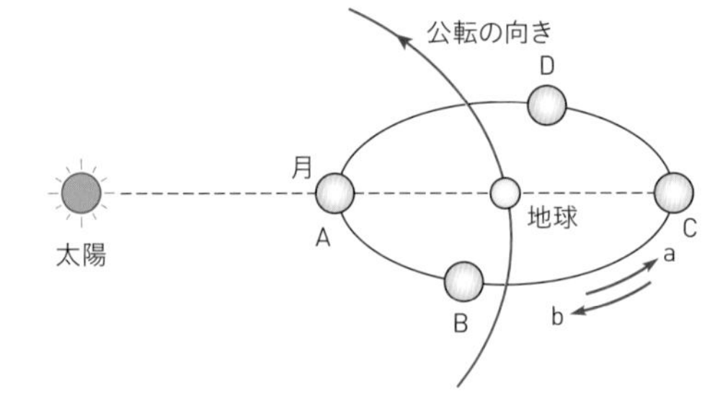

□ ❶ 月は，地球のまわりを，図のa，bどちらの向きに回っているか。（　　）

□ ❷ 図のような位置に地球・太陽があるとき，月がA～Dのどの位置にきたときに，月食や日食が起こるか。　月食（　　）　日食（　　）

得点UP
□ ❸ 次の文のうち，正しいものをすべて選びなさい。

（　　）

㋐ 月と太陽は，実際に同じ大きさである。
㋑ 月と太陽は，見かけの大きさが等しい。
㋒ 太陽と月の地球からの距離（きょり）の比（ひ）と，太陽と月の大きさ（直径）の比は等しい。

ミスに注意　❶❷地球から肉眼で見た形である。
ヒント　❷❷月が地球の影（かげ）に入る現象が月食，月によって太陽がかくされる現象が日食である。

［解答▶p.10］

【 金星の位置と見え方 】

❸ 図は，太陽と地球と金星の位置関係を示したものである。次の問いに答えなさい。

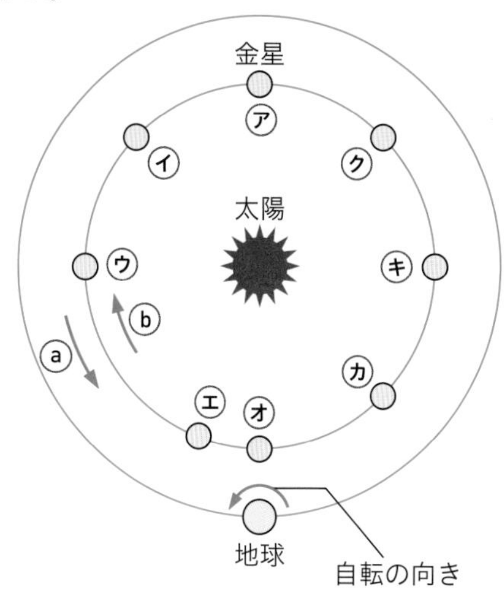

□ ❶ 金星の公転の向きは，図のⓐ，ⓑのどちらか。
（　　）

□ ❷ 金星が明け方に見えるとき，どの方角に見えるか。次のア～エから選びなさい。（　　）
ア　東の空　　イ　西の空
ウ　南の空　　エ　北の空

□ ❸ ❷のとき，金星はどの位置にあるか。図の㋐～㋗からすべて選び，記号で答えなさい。（　　）

□ ❹ 金星が夕方に見えるとき，どの方角に見えるか。❷のア～エから選びなさい。（　　）

□ ❺ 金星が㋓の位置にあるとき，地球からどのような形に見えるか。次のA～Gから選び，記号で答えなさい。ただし，金星の見かけの大きさはすべて同じにしており，肉眼で見た向きにしている。（　　）

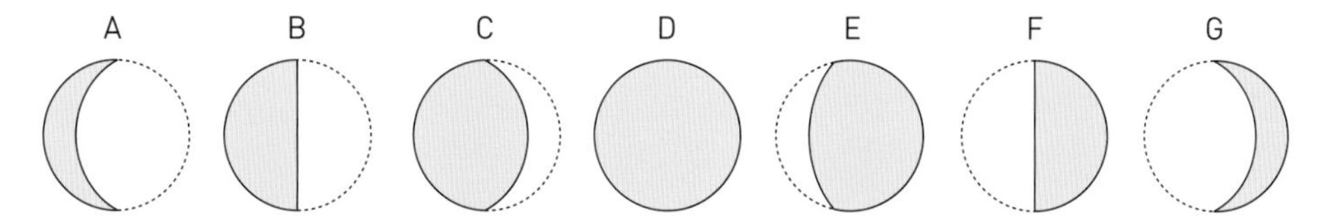

□ ❻ 図の㋑，㋓の位置に金星があるときの，見かけの大きさについて述べた文として正しいものを，次のア～ウから選び，記号で答えなさい。

（　　）

ア　㋑の位置にあるときがもっとも大きく，㋓の位置にあるときがもっとも小さく見える。
イ　㋑の位置にあるときがもっとも小さく，㋓の位置にあるときがもっとも大きく見える。
ウ　㋑の位置にあるときも，㋓の位置にあるときも，同じ大きさに見える。

□ ❼ 金星は，地球から真夜中に観察することができない。この理由を簡単（かんたん）に書きなさい。

（　　）

ヒント ❸❻㋑，㋓の位置にあるときは，右側が光って見える。

ミスに注意 ❸❼理由を問われているので，「…から。」「…ため。」のように答える。

Step 3 予想テスト 地球と宇宙

30分 ／100点 目標 70点

❶ 図は，太陽の表面のようすを模式的に表したものである。次の問いに答えなさい。

□ ❶ 太陽の表面温度はおよそ何℃か。

□ ❷ Aは太陽の表面にある黒い斑点である。この部分を何というか。また，この部分の温度はおよそ何℃か。

□ ❸ Aを数日間観察すると，少しずつ移動しているのがわかった。移動する理由を答えなさい。

□ ❹ Bは炎のようなガスの動きである。これを何というか。

❷ 図1のP，Q，Rは，日本のある地点で夏至，秋分，冬至に太陽の動きを透明半球上に記録したものである。また，図2は，各季節の地球と太陽の位置の関係を表したものである。次の問いに答えなさい。 技

図1

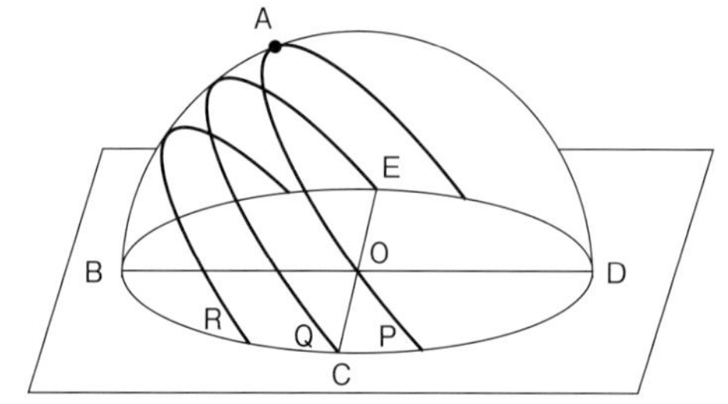

図2

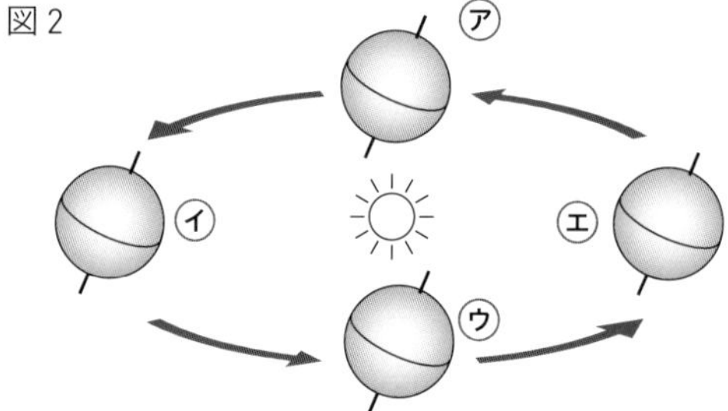

□ ❶ B，Cの方位は何か。それぞれ答えなさい。

□ ❷ P，Rを記録した日はいつか。それぞれ答えなさい。

□ ❸ 点Aは，その日の太陽が南中した点である。∠AOBを太陽の何というか。

□ ❹ 図1のPを記録した日の地球の位置として適当なものを，図2の㋐～㋓から選びなさい。

□ ❺ 図1のように，季節によって太陽の動きを記録した曲線が，P，Q，Rのように移動する理由としてもっとも適当なものを，次の㋐～㋓から選びなさい。

㋐ 地球が自転しているから。

㋑ 地球が太陽のまわりを公転しているから。

㋒ 地球が地軸を傾けたまま自転しているから。

㋓ 地球が地軸を傾けたまま太陽のまわりを公転しているから。

 成績評価の観点 技…観察・実験の技能 思…科学的な思考・判断・表現

❸ 図１は，地球の北極側から見た太陽，金星，地球の位置関係を表したものである。次の問いに答えなさい。 思

図１

太陽
ア
イ　ウ　エ
オ
地球
自転の方向

□ ❶ 金星は地球から真夜中に見ることはできない。その理由を答えなさい。

□ ❷ 金星が夕方の西の空に見えるのはア〜オのどこにあるときか。記号で選びなさい。

□ ❸ エの金星は，いつごろどこに見えるか。ⓐ〜ⓔから記号で選びなさい。
ⓐ 日没後，西の空　ⓑ 日没後，東の空　ⓒ 日の出前，西の空
ⓓ 日の出前，東の空　ⓔ 真夜中，南の空

□ ❹ イの金星は地球からどのように見えるか。図２の㋐〜㋓から選び，記号で答えなさい。

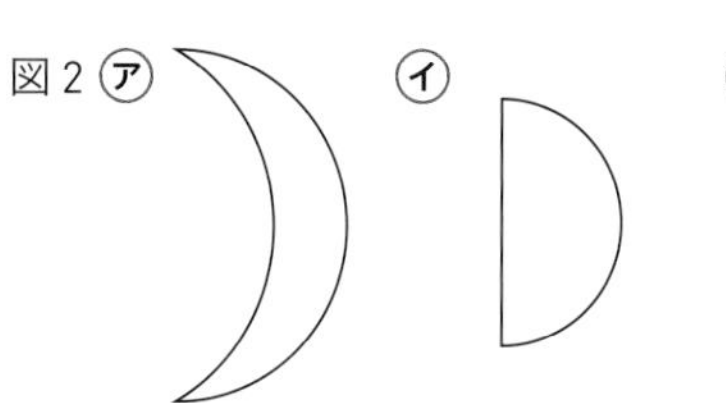

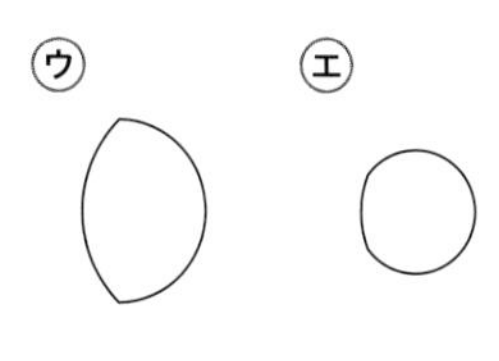

❹ 図１は月の見え方を表したもので，図２は月と地球との位置関係を示したものである。次の問いに答えなさい。 思

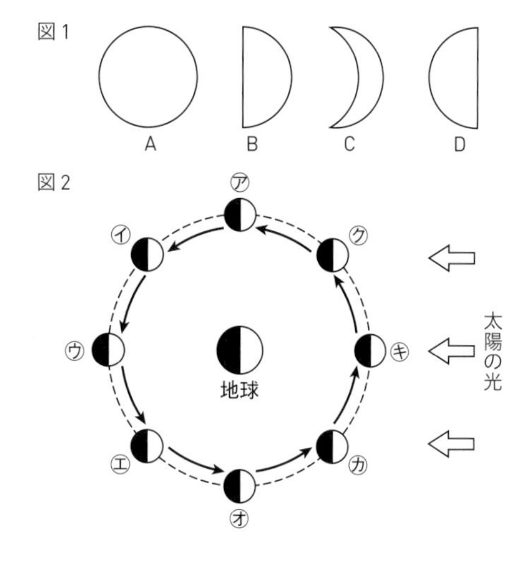

□ ❶ 図１のA〜Dを，新月から変化していく順に並べなさい。

点UP □ ❷ 図１のA〜Dの月は，図２の㋐〜㋗のどの位置のときか。それぞれ記号で答えなさい。

□ ❸ 新月は，図２の㋐〜㋗のどの位置にあるときか。

□ ❹ 月食が起こるのは，月が図２の㋐〜㋗のどの位置にきたときか。

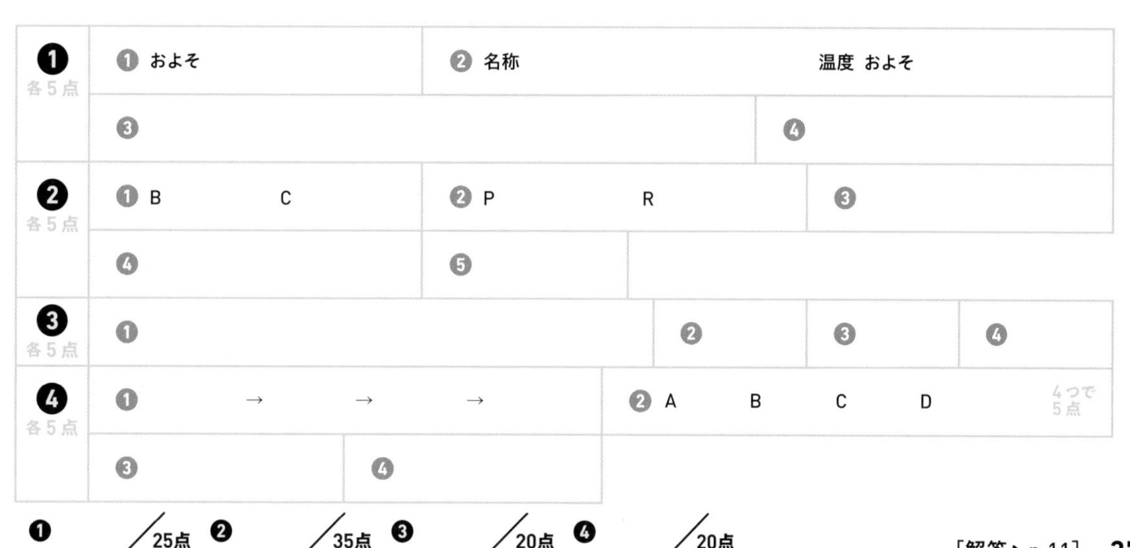

❶ 各５点	❶ およそ	❷ 名称　温度 およそ		
	❸	❹		
❷ 各５点	❶ B　C	❷ P　R	❸	
	❹	❺		
❸ 各５点	❶	❷	❸	❹
❹ 各５点	❶ 　→　→　→	❷ A　B　C　D　４つで５点		
	❸	❹		

❶ ／25点　❷ ／35点　❸ ／20点　❹ ／20点

［解答▶p.11］

Step 1 基本チェック 力の合成と分解

10分

赤シートを使って答えよう！

❶ 水中の物体にはたらく力

□ 水（の重さ）による圧力を［水圧（すいあつ）］という。これは，水面からの深さが［深い］ほど大きく，［あらゆる］向きからはたらく。

□ 水中にある物体には，重力と反対向きの［浮力（ふりょく）］がはたらく。その大きさは，水面からの深さには［関係しない］。

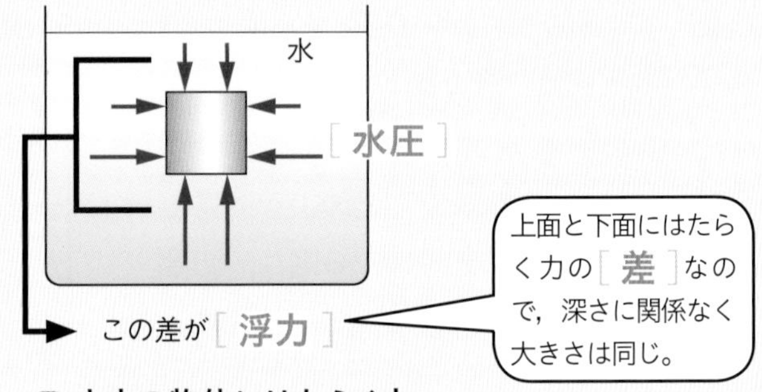

□ **水中の物体にはたらく力**

❷ 力の合成・分解

□ 2つの力と同じはたらきをする1つの力を求めることを［力の合成（ちからのごうせい）］といい，合成して求めた力を［合力（ごうりょく）］という。

□ 角度をもってはたらく2力の合力は，2力を表す矢印を2辺とする［平行四辺形］の［対角線］で表される（これを力の平行四辺形の法則という）。

□ 物体に3方向から力を加えて静止しているとき，3力は［つり合っている］。

□ 1つの力と同じはたらきをする2つの力を求めることを［力の分解（ちからのぶんかい）］といい，分解して求めた力を［分力（ぶんりょく）］という。

□ もとの力を対角線とする［平行四辺形］を作図すると，となり合う2辺が分力になる。

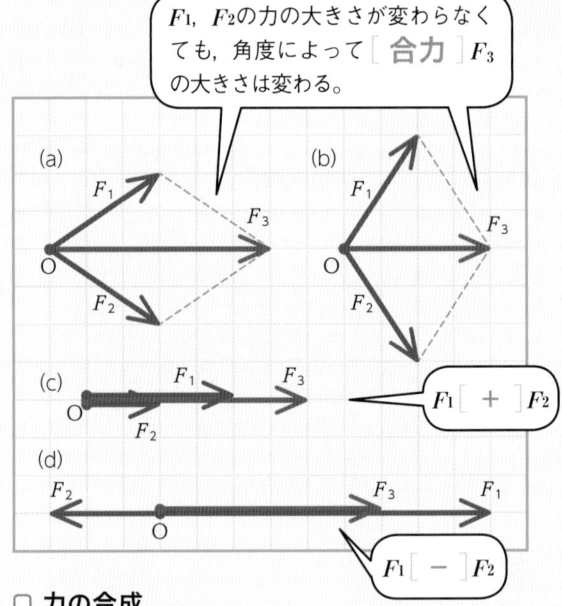

□ **力の合成**

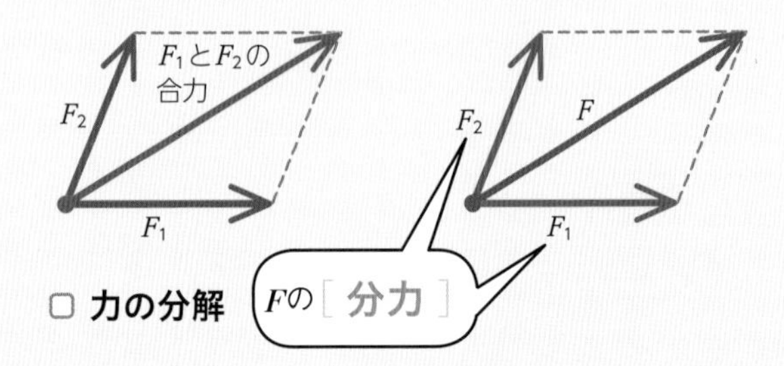

□ **力の分解**

合力と分力は作図の問題がよく出る。かけるようにしておこう。

Step 2 予想問題 力の合成と分解

30分
(1ページ10分)

【水圧】

❶ 図のように，ゴム膜(まく)a～fのへこみ方によって水圧を比べる実験を行った。これについて，次の問いに答えなさい。ただし，図のゴム膜のへこみ方は，実験の結果をそのまま示したものではない。

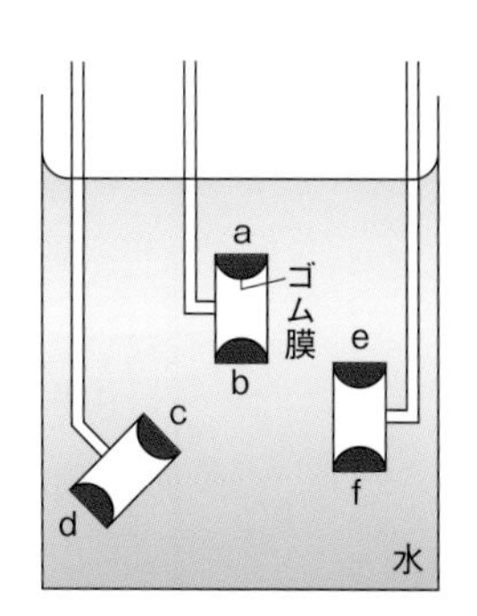

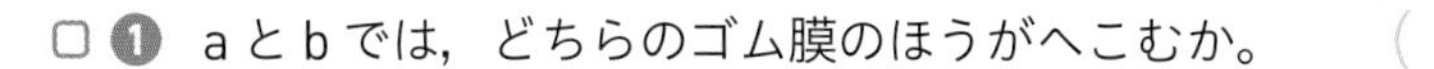

□ ① aとbでは，どちらのゴム膜のほうがへこむか。（　　）

□ ② a～fのうち，ゴム膜のへこみ方が同じなのは，どれとどれか。
（　　と　　）

□ ③ a～fのうち，もっとも大きな水圧を受けるのはどれか。
（　　）

【水圧と浮力(ふりょく)】

❷ 図のように，おもりが空気中にあるときと，水中に入れたときのばねばかりが示す値を調べたところ，下の表のようになった。これについて，次の問いに答えなさい。

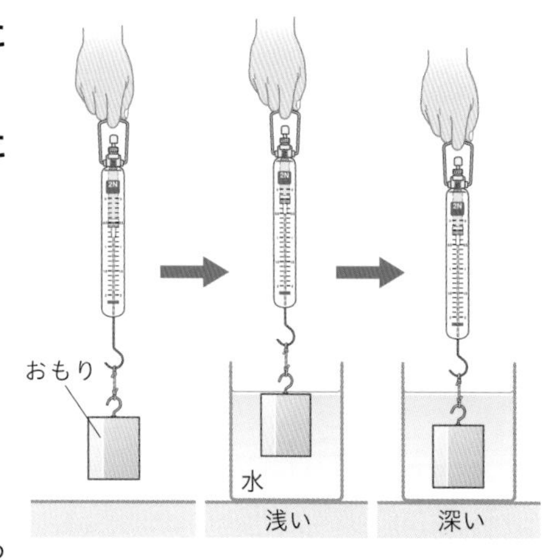

	ばねばかりが示す値（N）
空気中	0.57
水中（浅い）	0.17
水中（深い）	0.17

□ ① 水中にあるおもりにはたらく水圧はどのようになっているか，次の㋐～㋓から選びなさい。（　　）

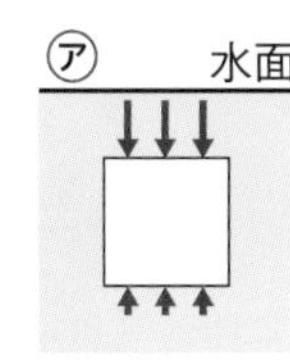

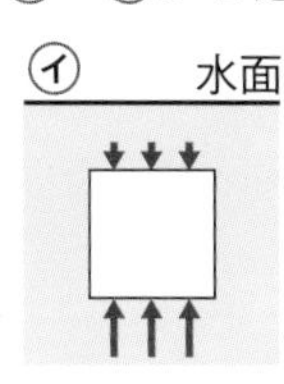

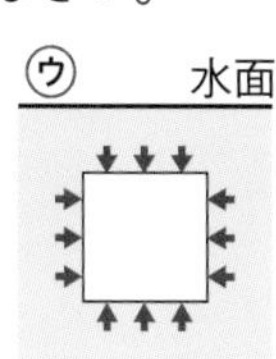

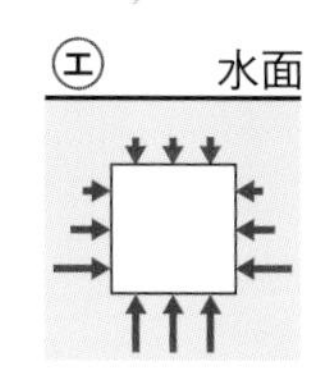

□ ② 水中のおもりにはたらく浮力と深さの関係はどうなっているか。
（　　　　）

□ ③ 水中のおもりにはたらく浮力は何Nか。（　　　N）

ヒント ❶②水圧は，水面からの深さによって変わる。

ミスに注意 ❷③水中でのばねばかりが示す値を浮力の大きさとまちがえないようにする。

[解答▶p.12]

【 合力の作図 】

❸ 図の①〜⑥は，それぞれ点Oにはたらく２力を表したものである。これについて，次の問いに答えなさい。

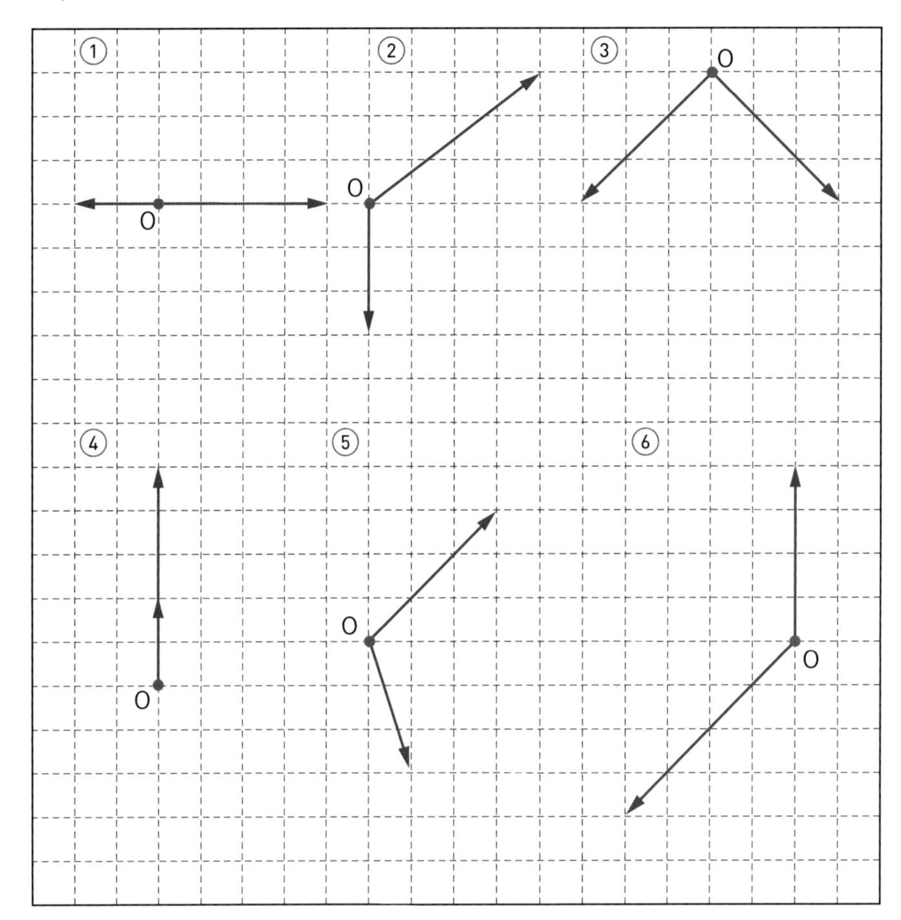

□ ❶ ①〜⑥の２力の合力を，それぞれ作図しなさい。

□ ❷ ①〜⑥の合力の大きさは，それぞれ何Nか。ただし，方眼の１目盛りの大きさは，１Nを表すものとする。

①（　　　）　②（　　　）　③（　　　）

④（　　　）　⑤（　　　）　⑥（　　　）

三角定規を２つ使うと，平行四辺形をかきやすいよ。

ヒント　❸２力が一直線上にない場合，平行四辺形の対角線が合力である。

ミスに注意　❸三角定規を２つ使って，平行な線を引く。

［解答▶p.12］

【 3力のつり合い 】

❹ 図1のように，リングにばねばかりAとばねばかりBと糸をとりつけ，リングの位置が動かないように，それぞれ力を加えた。図2は，ばねばかりA，Bがリングを引く力を表している。これについて，次の問いに答えなさい。

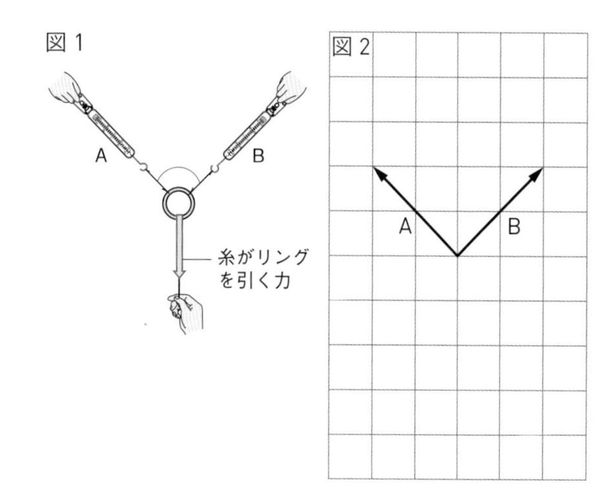

□ ❶ リングが動かないように糸がリングを引く力を，図2にかきなさい。

□ ❷ ❶のとき，糸がリングを引く力は何Nか。ただし，方眼の1目盛りの大きさは1Nを表すものとする。

（　　　　N）

【 分力の作図 】

❺ 次の①～④の力Fを，それぞれAの方向とBの方向の力に分解しなさい。
□

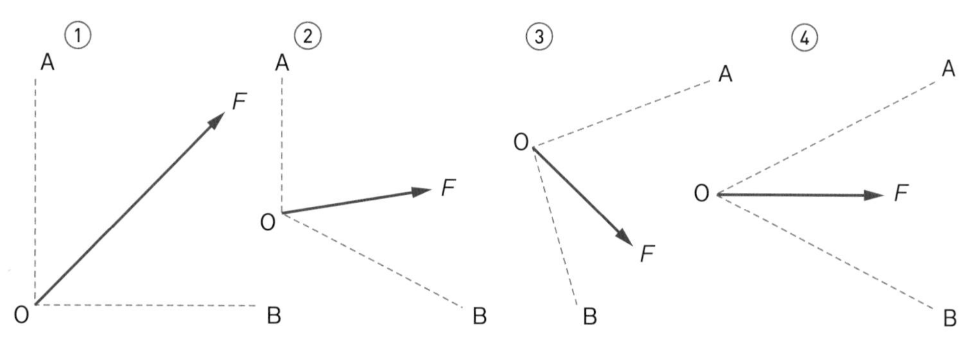

ヒント ❹❶リングが動かないためには，A，Bの合力と糸が引く力はつり合う。

ミスに注意 ❺三角定規を2つ使って，Fを対角線とする平行四辺形を作図する。

［解答▶p.12］

Step 1 基本チェック 運動の規則性(1)

10分

赤シートを使って答えよう！

❶ 運動の表し方

- □ 物体の運動のようすを表すには，［速さ］と運動の［向き］を示す。
- □ 運動している物体が［一定時間］に移動する［距離］を速さという。
- □ 速さの単位は，メートル毎秒(記号［m/s］)や［キロメートル毎時］(記号km/h) などが使われる。
- □ 速さ〔m/s〕＝ 移動［距離］〔m〕／移動にかかった［時間］〔s〕
- □ 物体がある時間の間，一定の速さで移動したと考えて求めた速さを［平均の速さ］という。ごく短い時間に移動した距離をもとに求めた速さを［瞬間の速さ］という。

自動車のスピードメーターが示す値は，瞬間の速さだよ。

❷ 水平面上での物体の運動

- □ 一定の速さで一直線上を動く運動を［等速直線運動］という。
- □ 物体に力がはたらかないときや，力がはたらいてもつり合っているときは，静止している物体は［静止］を続け，動いている物体は［等速直線運動］を続ける。これを［慣性の法則］といい，物体がもっているこのような性質を［慣性］という。

(a) 時間と速さの関係

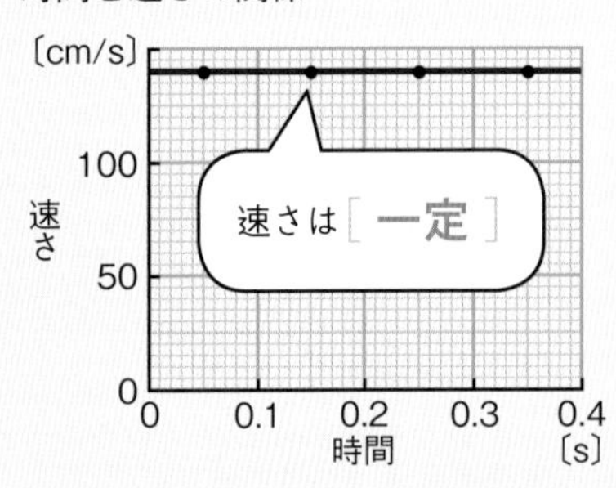

(b) 時間と移動距離の関係

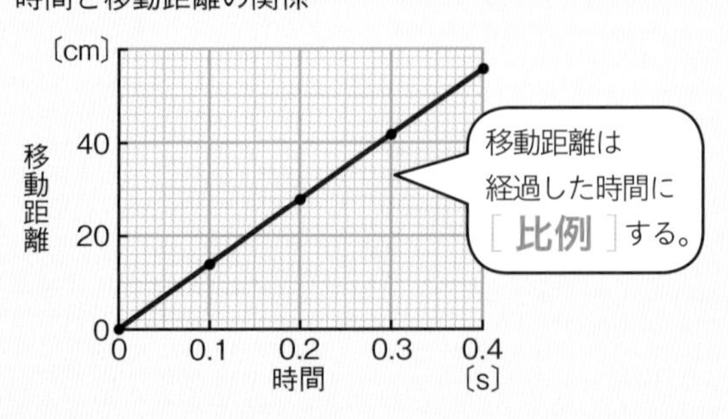

□ 等速直線運動をする物体の速さと移動距離

- □ 摩擦のある水平面上で物体の速さが小さくなるのは，物体の運動の向きと反対向きに［摩擦力］がはたらくためである。

速さや移動距離，時間を求める問題はよく出る。単位に注意して計算しよう。

Step 2 予想問題　運動の規則性(1)

20分
(1ページ10分)

【速さと移動距離(きょり)】

❶ 速さについて，次の問いに答えなさい。

□ ❶ 「速さ〔m/s〕」を，「移動にかかった時間〔s〕」，「移動距離〔m〕」を使って，関係式で表しなさい。

（速さ〔m/s〕＝　　　　　　　　）

□ ❷ 自動車Aは240 kmの距離を4時間かけて走り，自動車Bは210 kmの距離を140分かけて走った。

① 自動車Aの平均の速さは何km/hか。
（　　　　　km/h）

② 自動車Bの平均の速さは何m/sか。
（　　　　　m/s）

③ 自動車AとBでは，どちらが速いか。（　　　　）

速さとは，一定の時間に移動する距離のこと。平均の速さとはある時間，同じ速さで移動したと考えたときの速さだよ。

□ ❸ 平均の速さが60 km/hの自動車で192 km離(はな)れた町まで行くとき，かかる時間はいくらか。（　　　時間　　　分）

□ ❹ 平均の速さが120 km/hの特急電車に2時間40分乗ったとき，何km移動したか。（　　　　　km）

【運動の記録】

❷ 図は，台車のいくつかの運動を，それぞれ記録タイマーでテープに記録したものである。次の❶～❺の運動を表しているテープを選び，㋐～㋔の記号で答えなさい。

テープの移動方向

㋐
㋑
㋒
㋓
㋔

□ ❶ 台車の速さが，だんだん小さくなっていく運動。（　　）

□ ❷ 平均の速さがもっとも大きい運動。（　　）

□ ❸ 速さが変わらない運動。（　　）

□ ❹ 速さがだんだん大きくなり，一定の大きさになる運動。（　　）

□ ❺ 速さが一定の大きさから，だんだん小さくなっていく運動。（　　）

ミスに注意　❶速さ，距離，時間の関係からそれぞれ求められるようにしよう。

ヒント　❷❷速さが大きいほど，打点と打点の間隔(かんかく)が広くなる。

[解答▶p.12]

【物体に一定の力がはたらき続けるときの運動】

❸ 図のように，記録タイマーを通してテープをはりつけた力学台車に，おもりをつないだ糸をとりつけ，クランプつき滑車(かっしゃ)にかけた。台車から手をはなして台車を運動させた。これについて，次の問いに答えなさい。

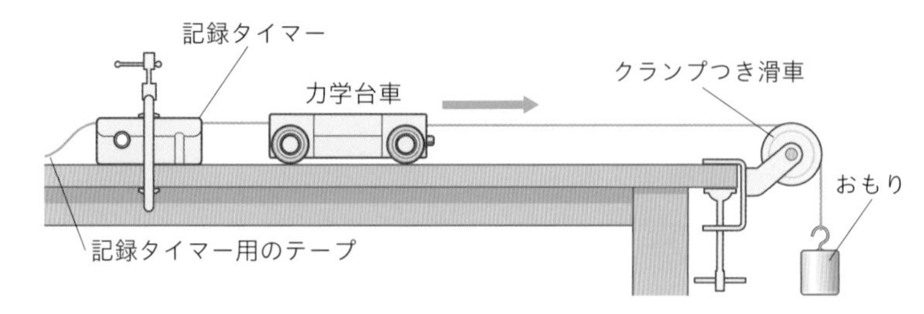

□ ❶ 台車の速さは，どうなったか。次の㋐～㋒から選び，記号で答えなさい。（　　）

㋐ 一定の割合で小さくなっていった。
㋑ 一定の割合で大きくなっていった。　㋒ 変化しなかった。

□ ❷ 速さと移動距離の関係をグラフにしたとき，どのようになるか。次の㋐～㋓から選び，記号で答えなさい。（　　）

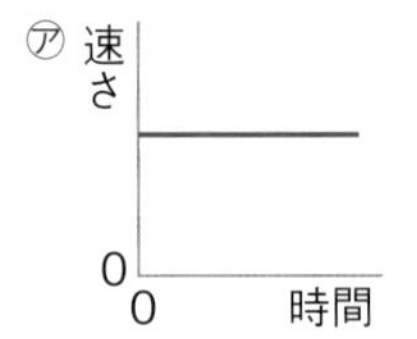

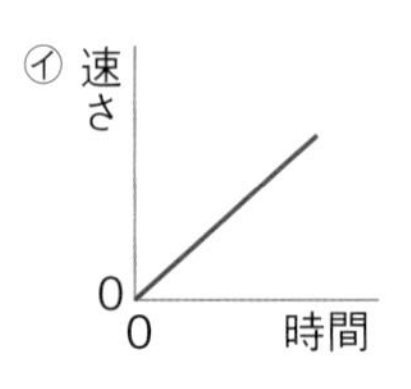

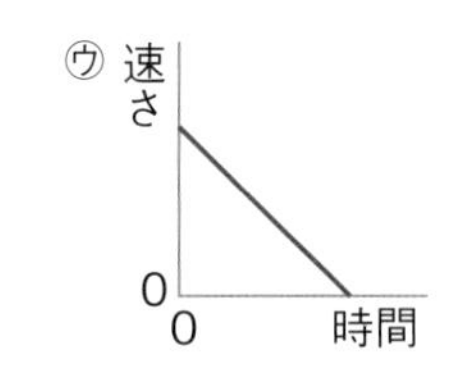

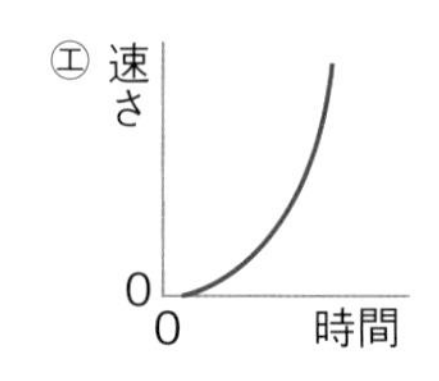

□ ❸ おもりを重いものにとりかえて，同じ実験を行った。このとき，速さが変化する割合はどうなるか。（　　）

【物体に力がはたらかないときの運動】

❹ 水平でなめらかな机の上で台車を動かし，その動きを１秒間に60回打点する記録タイマーを使って調べたところ，次の記録テープのようになった。図のA～Kは各打点を示し，点Aが動きはじめの打点である。これについて，次の問いに答えなさい。

□ ❶ 台車は点Aから動きはじめ，しばらく手で押(お)された後，手を離(はな)れて運動した。手で押した時間は何秒間か。（　　）

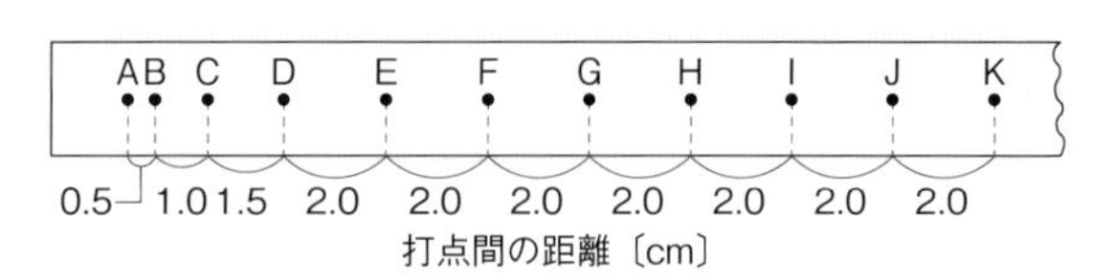

□ ❷ 点D以降の台車の速さを求めなさい。（　　）

□ ❸ 点D以降の台車の運動を何というか。（　　）

□ ❹ 点D以降の台車の運動は，台車に力がはたらかないかぎり，このままの運動が続く。このような性質を何というか。（　　）

ヒント ❸おもりには重力がはたらき，糸が台車を引く。

ミスに注意 ❹❶記録タイマーの結果から時間を求めるとき，１秒間に何回打点するかに注意。

［解答▶p.12］

Step 1 基本チェック 運動の規則性(2)

赤シートを使って答えよう！

❸ 斜面上の物体の運動

□ 斜面上を下る物体の速さは，一定の割合でしだいに［大きく］なる。これは，物体には運動の［向き］に，同じ大きさの力がはたらき続けているからである。

□ 斜面上に置いた物体にはたらく重力は，斜面に［垂直］な分力と，斜面に［平行］な分力に分解して考える。

□ 斜面に垂直な分力は，斜面からの［垂直抗力］とつり合っており，斜面上の物体の運動に関係する力は，斜面に［平行］な分力だけである。

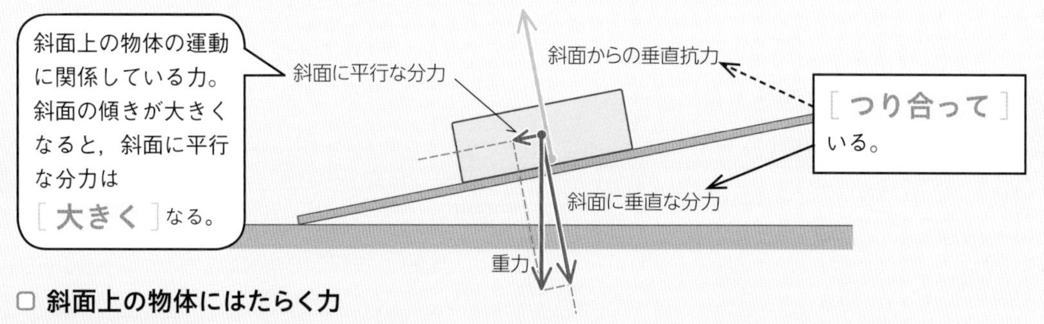

□ 斜面上の物体にはたらく力

□ 斜面の傾きが最大になると，物体は静止した状態から真下（鉛直下向き）に落下する。これを［自由落下（運動）］といい，速さのふえ方がもっとも大きい。

❹ 物体間での力のおよぼし合い

□ 作用と反作用は，２つの物体間で［同時］にはたらき，大きさは［等しく］，一直線上で向きは［反対］である（これを作用・反作用の法則という）。

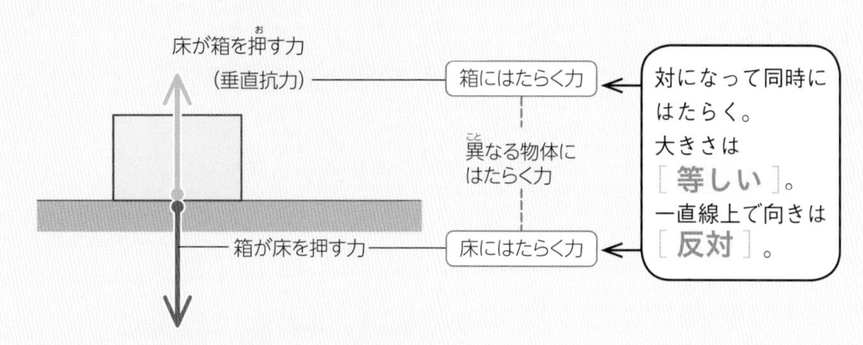

□ ２つの物体間で対になってはたらく力

斜面上にある物体にはたらく力を作図する問題がよく出る。

Step 2 予想問題 運動の規則性(2)

20分
（1ページ10分）

【斜面上の物体の運動】

❶ 図1のように，斜面を下る台車の運動を，1秒間に60回打点する記録タイマーを使って調べた。図2は打点された記録テープを，下りはじめた点から6打点ごとに切りとったものを順に並べたものである。これについて，次の問いに答えなさい。

図1

記録タイマー
斜面
台車

図2

2.4cm　7.2cm　12.0cm　16.8cm　21.6cm

□ ❶ この台車が斜面を下りはじめてから，0.1秒間に動いた距離は何cmか。

（　　　　）

□ ❷ 表は，この台車の運動をまとめたものである。表の①～④に適する数値を答えなさい。

下りはじめてからの時間〔s〕	0	0.1	0.2	0.3	0.4	0.5
6打点分の長さ〔cm〕	2.4	7.2	12.0	16.8	21.6	
6打点間の平均の速さ〔cm/s〕	①	②	③	④	216	

①（　　　）　②（　　　）
③（　　　）　④（　　　）

□ ❸ ❷の表をもとにして，この台車の運動について，時間と速さの関係のグラフを右の図に表しなさい。

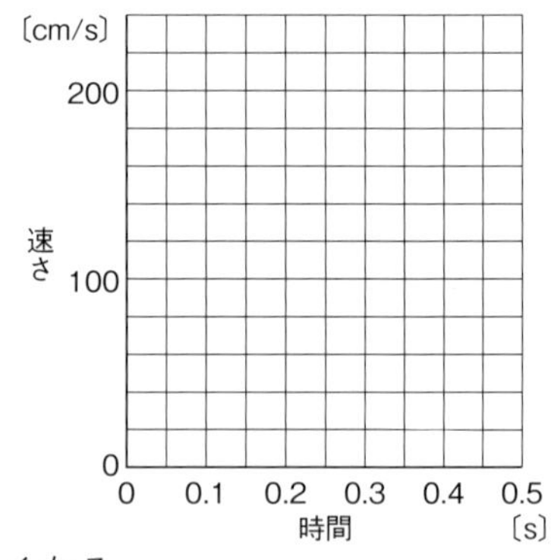

□ ❹ 斜面の傾きを大きくして同じような実験をすると，台車にはたらく力や，時間と速さの関係のグラフはどのようになるか。次の㋐～㋓から選び，記号で答えなさい。

（　　　）

㋐ 斜面に平行な分力が大きくなるので，グラフの傾きも大きくなる。
㋑ 斜面に平行な分力が小さくなるので，グラフの傾きも小さくなる。
㋒ 斜面に垂直な分力が大きくなるので，グラフの傾きも大きくなる。
㋓ 斜面に垂直な分力が小さくなるので，グラフの傾きも小さくなる。

ヒント ❶❹斜面の傾きが大きくなると重力の分力はどうなるか，作図してみよう。

ミスに注意 ❶❸点と点をつなぐ折れ線グラフではなく，直線でかく。

［解答▶p.13］

【斜面上ではたらく力】

❷ 図のような，角度30°の斜面に質量1kgの台車を置き，点A，点Bで斜面下向きの力を調べた。続いて，斜面の角度を45°に変えて斜面下向きの力を調べた。これについて，次の問いに答えなさい。

斜面下向きの力
A
5N
B
台車にはたらく重力
(台車の質量＝1kg)
30°
10N

□ ❶ 角度30°の斜面の点Aで斜面下向きの力をはかると，5Nであった。点Bではこの力は何Nになるか。（　　　　）

□ ❷ 角度45°の斜面の点Aで，斜面下向きの力をはかると，7Nであった。斜面の角度を60°にしたときの力の大きさとしてもっとも近いと考えられるものを次の㋐～㋓から選び，記号で答えなさい。（　　　　）

㋐ 5N　㋑ 7N　㋒ 9N　㋓ 11N

□ ❸ 斜面上に台車を置いて手を離（はな）すと，台車は下向きに動き出す。その理由を説明しなさい。（　　　　）

□ ❹ ❸の運動は，しだいに速くなっていく。その理由を説明しなさい。

（　　　　）

□ ❺ ❸の運動は，斜面の傾きを大きくすると，より速さのふえ方が大きくなる。その理由を説明しなさい。

（　　　　）

【作用と反作用】

❸ スケートボードに乗ったAさんが，なめらかな水平面上で，図1のように壁（かべ）を押（お）し，図2のように砲丸（ほうがん）を投げた。これについて，次の問いに答えなさい。

□ ❶ 次の文の（　）に適切な言葉を書きなさい。

図1でAさんが壁を押すと，壁はAさんを押し返す。この力は，Aさんが押した力と（①　　　　）大きさで，向きは（②　　　　）である。このとき，Aさんが壁を押した力を作用とすると，壁がAさんを押し返す力を（③　　　　）という。

□ ❷ 図2で，Aさんにはたらく力の向きをa，bで答え，その後の運動を説明しなさい。

記号（　　　）　その後の運動（　　　　）

□ ❸ それぞれ静止しているスケートボードに乗った2人が綱（つな）引きをした。2人はどのように動くか。（　　　　）

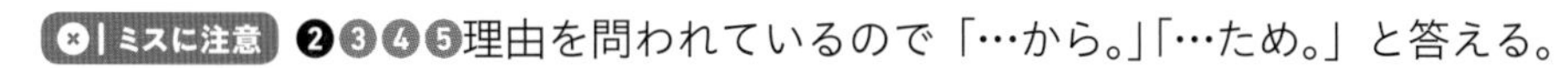

ミスに注意 ❷❸❹❺理由を問われているので「…から。」「…ため。」と答える。

ヒント ❸❶ 2つの物体間で対になってはたらく力である。

[解答▶p.13]

Step 1 基本チェック 仕事とエネルギー(1)

10分

赤シートを使って答えよう！

❶ 仕事

- □ 物体に力を加えて，その力の向きに物体を動かしたときに，力は物体に対して［仕事］をしたという。
- □ 仕事の単位は［ジュール］(記号Ｊ）を使う。
- □ 仕事〔Ｊ〕＝［力の大きさ］〔Ｎ〕×力の向きに動いた距離〔ｍ〕
- □ 物体を一定の速さで持ち上げる仕事をするときには，［重力］と同じ大きさの力を，これと反対向きに加える。
- □ 摩擦のある水平面上で物体を一定の速さで動かす仕事をするとき，［摩擦力］と同じ大きさの力を加える。

仕事の例

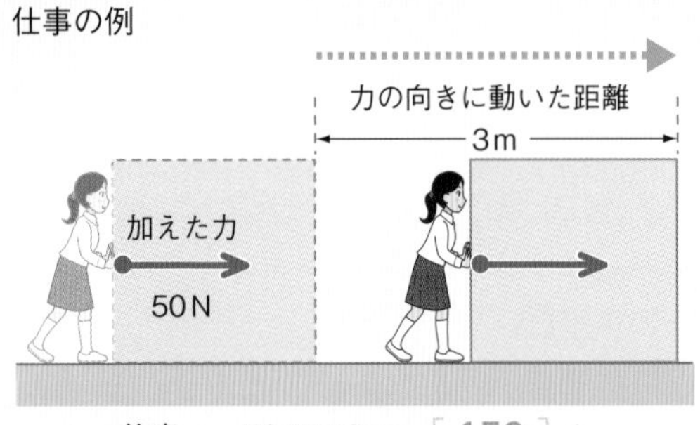

仕事→　50N×3m=［150］J

仕事をしたことにならない例

仕事→　200N×0m=［0］J

□ 仕事

- □ 斜面やてこ，動滑車などの道具を使って物体を動かすとき，加える［力］は小さくなっても，動かす［距離］が長くなる。このように，道具を使っても使わなくても，仕事の量は［変わらない］。これを［仕事の原理］という。
- □ 一定時間（1秒あたり）にする仕事を［仕事率］という。
- □ 仕事率の単位は［ワット］(記号W）を使う。
- □ 仕事率〔W〕＝$\dfrac{［仕事］〔J〕}{仕事にかかった時間〔s〕}$

仕事や仕事率の計算はよく出る。計算するときは単位に気をつけよう。

Step 2 予想問題 仕事とエネルギー(1)

20分
(1ページ10分)

※質量100 gの物体にはたらく重力の大きさを1 N，ひもや滑車(かっしゃ)の質量や摩擦(まさつ)は考えないものとして，各問いに答えなさい。

【 平面上でする仕事 】

❶ 図のように，摩擦のある水平面上で，5 Nの力で物体を一定の速さで10 m動かした。これについて，次の問いに答えなさい。

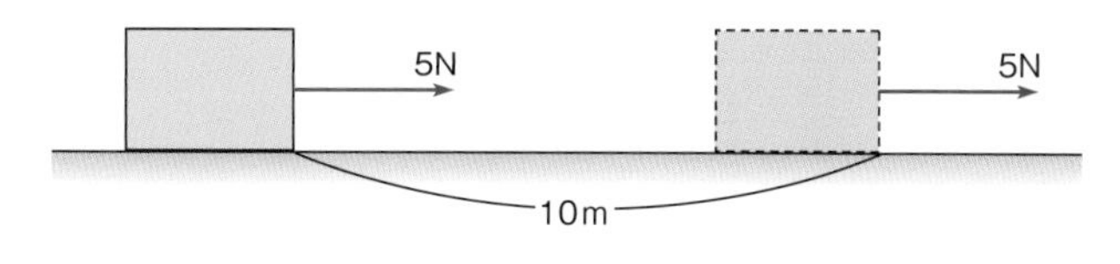

□ ❶ この力がした仕事はいくらか。 (　　　　)

□ ❷ このとき，摩擦力の大きさはいくらか。 (　　　　)

□ ❸ 力を4 Nにすると，物体は動かなかった。このときの力がした仕事はいくらか。 (　　　　)

【 仕事 】

❷ 仕事について，次の問いに答えなさい。

□ ❶ 質量200 gの物体を一定の速さで高さ1 mまで持ち上げたときの仕事の量はいくらか。 (　　　　)

□ ❷ 綱(つな)引きで，10 mの差で勝負がついた。綱にかかる力を2000 Nとして，勝ったチームがした仕事の量はいくらか。 (　　　　)

□ ❸ 重量あげで，200 kgのバーベルを1秒間，頭の上で支え続けたときの仕事の量はいくらか。 (　　　　)

【 摩擦力にさからってする仕事 】

❸ 図のように，床(ゆか)の上の物体をばねばかりで一定の速さで引いた。ばねばかりが3 Nを示したまま，物体を30 cm移動させた。これについて，次の問いに答えなさい。ただし，図の矢印は物体を引く力を示している。

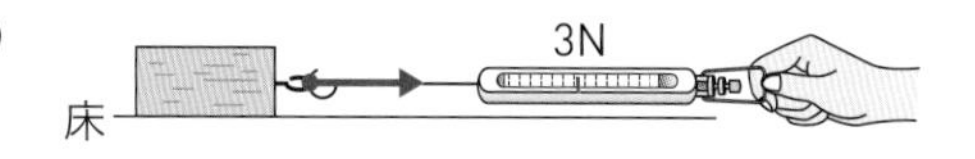

□ ❶ 物体にはたらく摩擦力を示す力の矢印を，図にかき加えなさい。

□ ❷ 物体にした仕事はいくらか。 (　　　　)

ヒント ❶❷摩擦のある水平面上で物体を動かすには，摩擦力と反対向きの力が必要。

ミスに注意 ❸❶摩擦力がはたらくところにかく。

[解答▶p.14]

【滑車を使った仕事】

❹ 図のようにして，300 gの物体を30 cmの高さまで一定の速さで持ち上げた。これについて，次の問いに答えなさい。

□ ❶ 図1，図2のばねばかりは，それぞれ何Nを示すか。

図1（　　　　　）　図2（　　　　　）

□ ❷ 図1，図2で，ひもを引いた距離は，それぞれ何mか。

図1（　　　　　）　図2（　　　　　）

□ ❸ 図1，図2で，仕事の大きさは，それぞれ何Jか。

図1（　　　　　）　図2（　　　　　）

□ ❹ 図1のように，動滑車を使わなかった場合と，図2のように動滑車を使った場合の仕事の量について，簡単に説明しなさい。

（　　　　　　　　　　　　　　　　　　　　　　　　　　）

□ ❺ 仕事における❹の関係を何というか。（　　　　　）

【斜面を使った仕事】

❺ 図のように，10 kgの物体を直接AからBまで一定の速さで3 m引き上げた。また，同じ10 kgの物体を，摩擦のない斜面にそってCからDまで60 Nの力で引き上げた。次の問いに答えなさい。

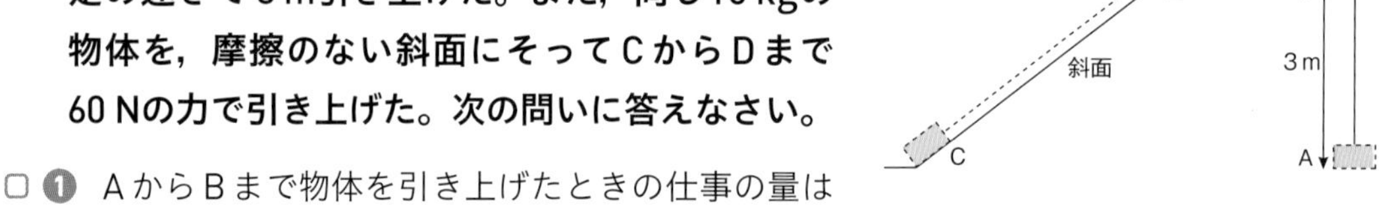

□ ❶ AからBまで物体を引き上げたときの仕事の量は何Jか。（　　　　　）

□ ❷ 斜面CDの長さは何mか。（　　　　　）

【仕事と仕事率】

❻ 図は，滑車を使って質量30 kgの物体を2 mの高さまで一定の速さで引き上げるようすである。次の問いに答えなさい。

□ ❶ 物体にした仕事の大きさは何Jか。（　　　　　）

□ ❷ 物体を2 m引き上げるために，Aさんはひもを何m引き下げたか。

（　　　　　）

□ ❸ Aさんがひもを引いた力の大きさは何Nか。（　　　　　）

□ ❹ 物体を10秒間で引き上げたとすると，このときの仕事率は何Wか。

（　　　　　）

ミスに注意　❹公式を変形するときにミスをしないように注意する。

ヒント　❺❷斜面を使っても使わなくても，仕事の量は変化しない。

[解答▶p.14]

Step 1 基本チェック 仕事とエネルギー(2)

10分

赤シートを使って答えよう！

❷ エネルギー

- ある物体が別の物体に仕事をする能力を［エネルギー］という。ある物体がほかの物体に対して仕事ができる状態にあるとき，その物体は［エネルギー］をもっているという。
- 高いところにある物体がもっているエネルギーを［位置(いち)エネルギー］といい，物体の高さが［高い］ほど，また物体の［質量］が大きいほど，大きくなる。
- 運動している物体がもっているエネルギーを［運動(うんどう)エネルギー］という。
- 運動エネルギーは，物体の［速さ］が大きいほど，また物体の［質量］が大きいほど，大きくなる。

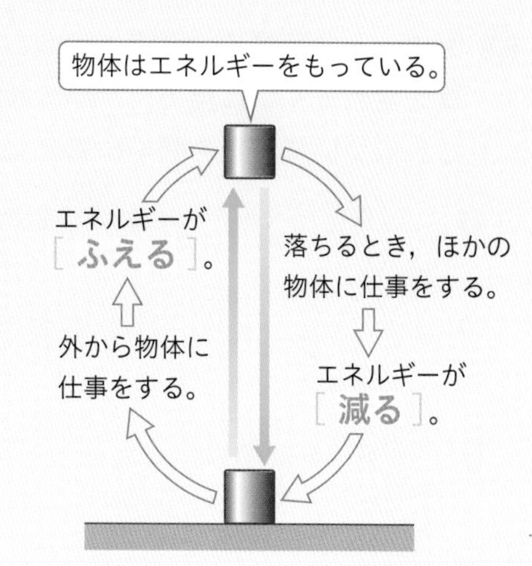

□ 仕事とエネルギー

❸ 力学的エネルギー

- 位置エネルギーと運動エネルギーの和を，［力学的(りきがくてき)エネルギー］という。
- 摩擦(まさつ)や空気の抵抗(ていこう)がなければ，力学的エネルギーは［一定］に保たれる。これを力学的エネルギー保存の法則（力学的エネルギーの保存）という。

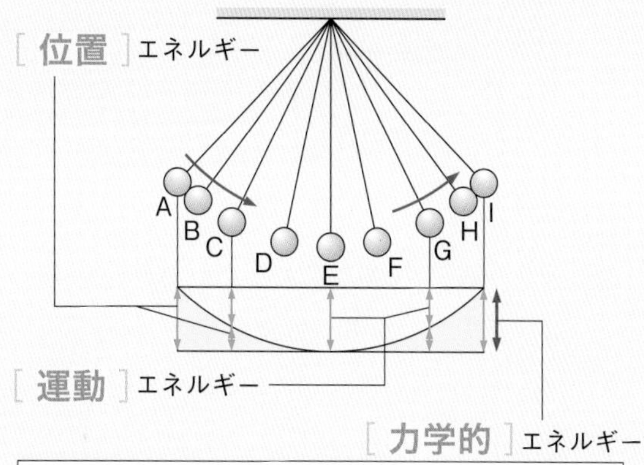

AとＩ…止まる。
B～E…Aより［位置］エネルギーが減った分，［運動］エネルギーがふえる。
E………速さが最大。
F～Ｉ…Eより［運動］エネルギーが減った分，［位置］エネルギーがふえる。

□ 位置エネルギーと運動エネルギー

位置エネルギーと運動エネルギーの特徴(とくちょう)やその変化はよく出る。

Step 2 予想問題 仕事とエネルギー(2)

20分（1ページ10分）

【 物体がもつエネルギーと高さや質量 】

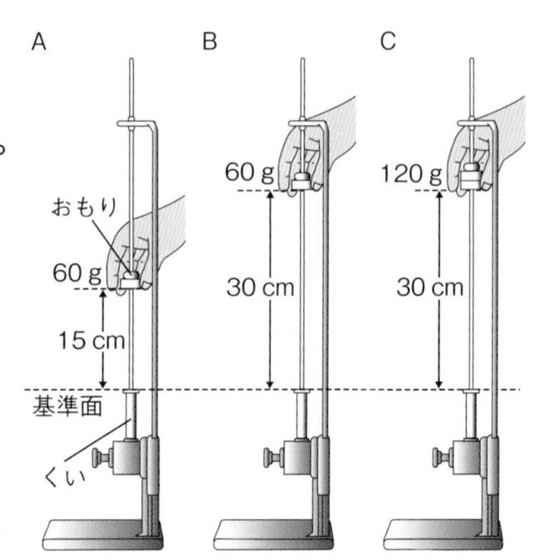

❶ 図のような装置(そうち)で，落下させるおもりの高さと質量を変えてくいに当て，くいの移動距離(きょり)を調べた。これについて，次の問いに答えなさい。

□ ❶ AとBを比べると，くいの移動距離が大きいのはどちらか。（　　）

□ ❷ BとCを比べると，くいの移動距離が大きいのはどちらか。（　　）

□ ❸ このような，高いところにある物体がもっているエネルギーを何というか。（　　）

【 物体がもつエネルギーと速さや質量 】

❷ 図1のような装置を使って，小球の速さを変えてくいの移動距離を調べた。次に，小球の質量を変えて同じ実験を行い，結果をグラフにまとめたものが図2である。これについて，次の問いに答えなさい。

図1

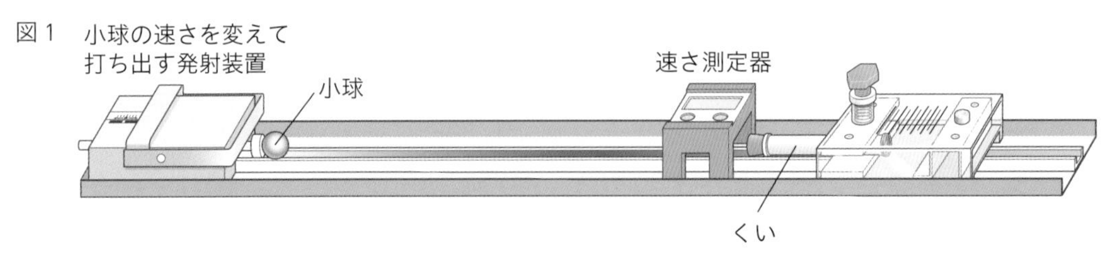

□ ❶ 図2から，小球の速さとくいの移動距離には，どのような関係があるか。

（　　）

□ ❷ 図2から，小球の質量とくいの移動距離には，どのような関係があるか。

（　　）

□ ❸ このような，運動する物体がもつエネルギーを何というか。

（　　）

図2

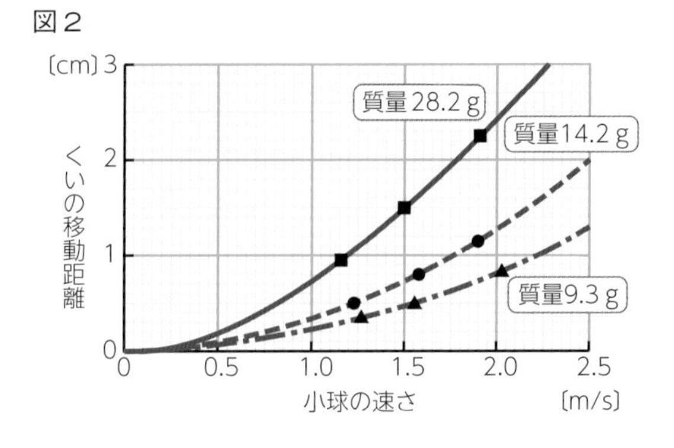

ヒント ❷❷図2より，同じ速さのときの，小球の質量とくいの移動距離を比べる。

[解答▶p.15]

【 振(ふ)り子とエネルギー 】

❸ 図のように，振り子がＡからＥへ動くときについて，次の問いに答えなさい。

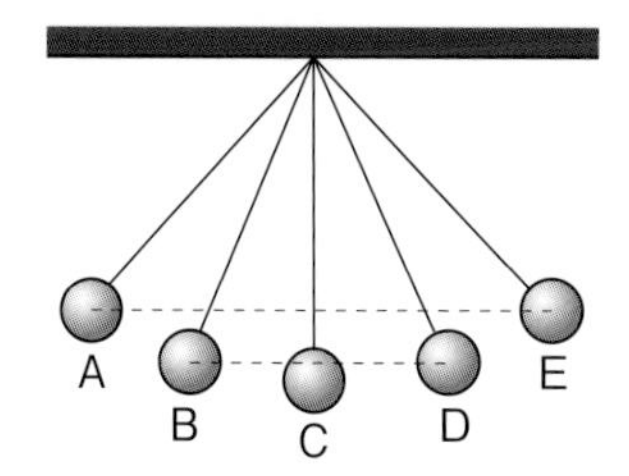

□ ❶ Ａ～Ｅで，振り子のおもりの位置エネルギーが最大になるのはどこか。あてはまるものの記号をすべて書きなさい。（　　　）

□ ❷ Ａ～Ｅで，位置エネルギーが増加し，運動エネルギーが減少しているのはどの区間か。（　　）～（　　）

□ ❸ ＢとＣで，運動エネルギーが大きいのはどちらか。（　　）

□ ❹ Ａでの運動エネルギーと同じ大きさの運動エネルギーをもっているのはＢ～Ｅのどこか。記号で答えなさい。（　　）

□ ❺ 位置エネルギーと運動エネルギーの和を何というか。
（　　　　　　　）

【 物体がもつエネルギー 】

❹ 図のように，振り子を天井から下げた位置の真下に細いくいを打ち，おもりがＢに達した後の糸の長さが変わるようにした。これについて，次の問いに答えなさい。ただし，摩擦(まさつ)や空気の抵抗(ていこう)はないものとする。

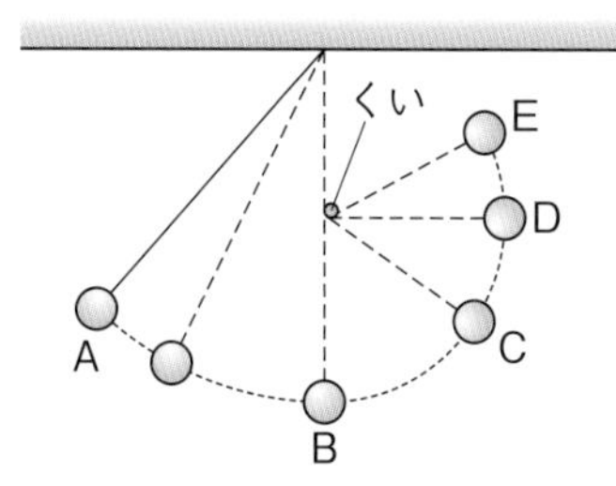

□ ❶ 振り子のおもりがＢを通過した後，どの位置まで上がるか。図のＣ～Ｅから選び，記号で答えなさい。（　　）

□ ❷ ❶のようになったのはなぜか。「エネルギー」という語と用いて，簡単(かんたん)に書きなさい。
（　　　　　　　　　　　　　　）

□ ❸ ❷のようになることを何というか。
（　　　　　　　　　　　　　　）

ヒント ❸❷運動エネルギーが減るということは，速さが小さくなるということである。

ミスに注意 ❹❷指定された語は必ず用いること。

［解答▶p.15］

Step 1 基本チェック エネルギーとその移り変わり

赤シートを使って答えよう！

❶ エネルギーの種類と変換

- □ 熱によって発生した水蒸気(すいじょうき)は，物体を動かすことができるので，［ 熱 ］はエネルギーの一種であり，これを［ 熱 ］エネルギーという。
- □ 光電池(こうでんち)に光を当てると［ 電気 ］が流れ，物体を動かすことができるので，光もエネルギーの一種であり，これを［ 光 ］エネルギーという。
- □ 音がもつエネルギーを［ 音 ］エネルギーという。
- □ 変形した物体がもつエネルギーを［ 弾性(だんせい) ］エネルギーという。
- □ 物質がもつエネルギーを［ 化学エネルギー ］という。
- □ 原子核(げんしかく)がもつエネルギーを［ 核(かく) ］エネルギーという。
- □ もとのエネルギーから目的のエネルギーに変換(へんかん)された割合を［ 変換効率(こうりつ) ］という。
- □ エネルギーはたがいに変換できるが，その総量は変化せず，つねに［ 一定 ］に保たれる。これをエネルギー保存の法則（エネルギーの保存）という。

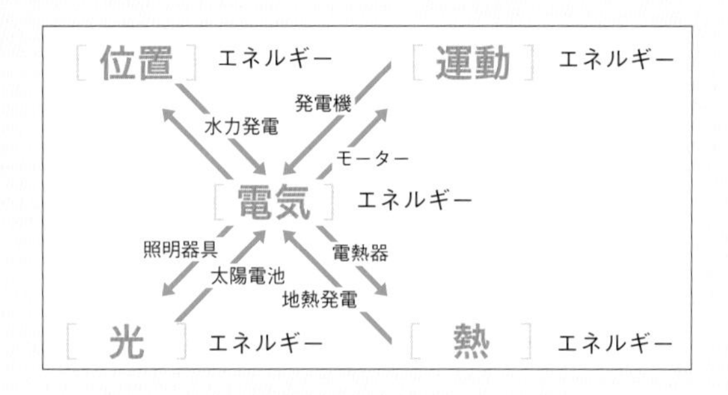

□ エネルギーの移り変わり

❷ 熱の移動

- □ 熱の伝わり方には，異(こと)なる物体が接して高温の部分から低温の部分に熱が伝わる［ 熱伝導(ねつでんどう)（伝導）］，温度の異なる液体や気体が移動して熱が伝わる［ 対流(たいりゅう) ］，光や赤外線によって空間をへだてて熱が伝わる［ 熱放射(ねつほうしゃ)（放射）］がある。

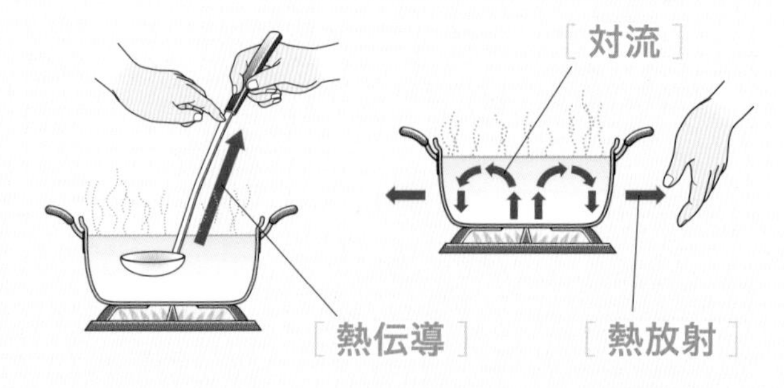

□ 熱の伝わり方

何エネルギーから何エネルギーへ変換されたかを問う問題がよく出る。

Step 2 予想問題 エネルギーとその移り変わり

【いろいろなエネルギー】

❶ 次の文で，はじめにもっているエネルギーの種類を答えなさい。

□ ❶ 熱によって生じた水蒸気が物体を動かす。（　　　）

□ ❷ 光電池に太陽光を当てると電気が流れる。（　　　）

□ ❸ 都市ガスを燃やすと熱が発生する。（　　　）

□ ❹ 水を高いところから流して発電する。（　　　）

□ ❺ トランポリンを使って高く飛び上がる。（　　　）

【エネルギーの変換】

❷ 手回し発電機を使って，次の実験1，2のような実験を行った。これについて，次の問いに答えなさい。

実験1 図1のように，滑車つきモーターにおもりをとりつけ，手回し発電機につなぎ，ハンドルを回しておもりを持ち上げた。

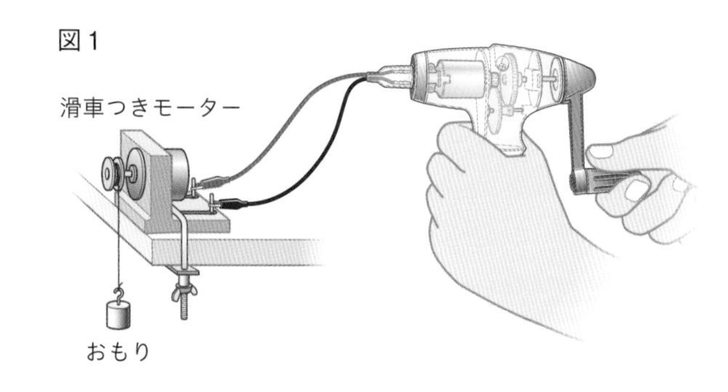

実験2 図2のように，2台の手回し発電機をつなぎ，発電機Aのハンドルを回したところ，発電機Bのハンドルが回った。

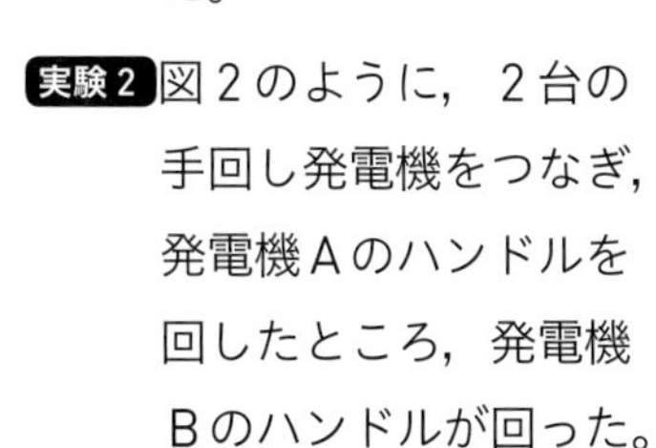

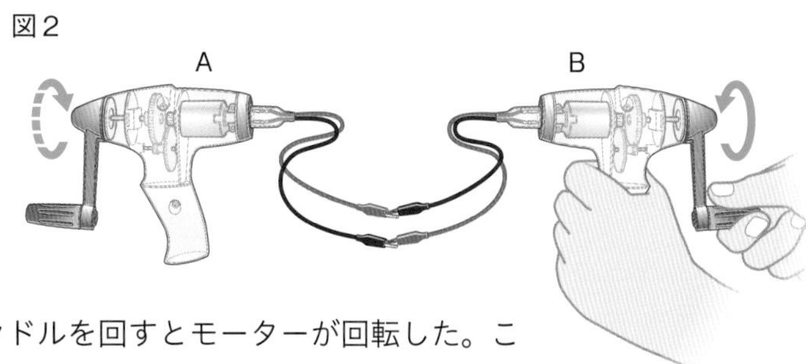

□ ❶ **実験1**で，手回し発電機のハンドルを回すとモーターが回転した。このとき，手回し発電機によって，何エネルギーが生じたか。

（　　　）

□ ❷ **実験1**で，最終的におもりの何エネルギーになったか。

（　　　）

□ ❸ **実験2**で，Bのハンドルの回転数はAの回転数よりも少なかった。これはなぜか。（　　　）

ヒント ❷手回し発電機は，ハンドルを回して，内部にあるコイルを回転させ，電流をつくる。

ミスに注意 ❷❸なぜかと問われているので，「…から。」「…ため。」と答える。

【 エネルギーの変換と保存 】

❸ 次の図は，Kさんが自分の家で利用しているエネルギーが，どのようにして得られているかをまとめたものである。これについて，次の問いに答えなさい。

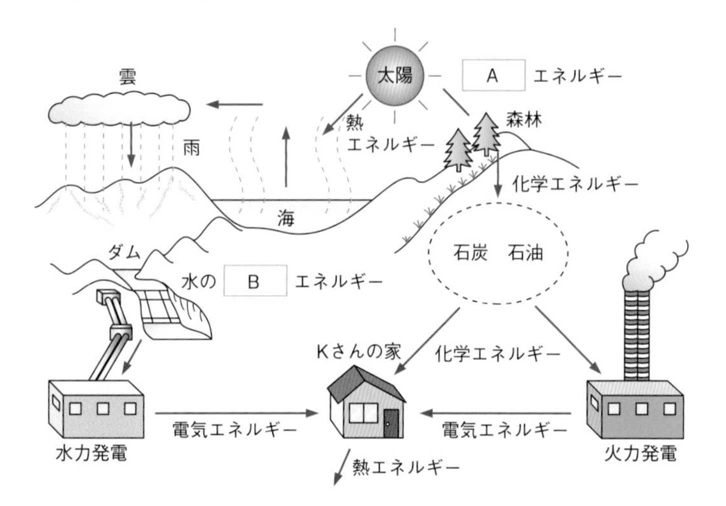

□ ❶ 図のAにあてはまる言葉を，次の㋐～㋔から選び，記号で答えなさい。

（　　　）

㋐位置　㋑運動　㋒熱　㋓光　㋔化学

□ ❷ 植物が行っている，Aのエネルギーを化学エネルギーに変えるはたらきを，何というか。（　　　）

□ ❸ 図のBにあてはまる言葉を，❶の㋐～㋔から選び，記号で答えなさい。

（　　　）

□ ❹ 電気エネルギーをおもに熱エネルギーに変えて利用している器具を，次の㋐～㋓から選び，記号で答えなさい。（　　　）

㋐扇風機（せんぷうき）　㋑電灯　㋒電気ポット　㋓テレビ

□ ❺ エネルギーの種類は変わっても，その総量は変化しないで一定に保たれることを何というか。

（　　　　　　　　　　）

ヒント ❸❶❷地球上のすべての生物のエネルギー源である。

［解答▶p.16］

【エネルギーの変換効率】

❹「100 V　54 W」と表示がある白熱電球と,「100 V　7.5 W」という表示があるLED電球をそれぞれコンセントにつないで100 Vの電圧を加えたところ，ほぼ同じ明るさであった。これについて，次の問いに答えなさい。

□ ❶ 次の文は，電気エネルギーの変換効率について述べたものである。①にあてはまる言葉を書きなさい。また，②にあてはまる言葉を選びなさい。

白熱電球とLED電球が消費する電力を比べると，LED電球のほうが（①　　　　）ため，変換効率が（②　高い　低い）。

□ ❷ すべての電気エネルギーが光エネルギーに変換されているわけではない。光エネルギーのほかに何エネルギーに変換されているか。1つ書きなさい。（　　　　エネルギー）

限られたエネルギーを有効に使うためには，変換効率の高い器具を選べばよいね。

【熱の移動】

❺ 熱エネルギーの伝わり方について，次の問いに答えなさい。

□ ❶ 次のⓐ～ⓒの現象を，それぞれ何というか。

ⓐ 温度が異なる物体が接しているとき，高温の部分から低温の部分へ熱が伝わる現象。（　　　　）

ⓑ 場所によって温度が異なる液体や気体が移動して，熱が伝わる現象。（　　　　）

ⓒ 物体から出た光や赤外線によって，空間をへだてて熱が伝わる現象。（　　　　）

□ ❷ ❶のⓐ～ⓒの例を，それぞれ次の㋐～㋒から選びなさい。

ⓐ（　　　）　ⓑ（　　　）　ⓒ（　　　）

㋐ 太陽の熱によって，地面の温度が上昇する。

㋑ フライパンをコンロの火で熱してしばらくすると，フライパン全体が熱くなる。

㋒ 上昇気流や下降気流によって，大気の動きが起こる。

ヒント ❹❶変換効率が高いとは，もとのエネルギーが目的以外に使われることが少ないこと。

Step 3 予想テスト　運動とエネルギー

30分　/100点　目標 70点

❶ 次の①では，示された力を2つの破線の方向に分解しなさい。また，②では，力Aの分力の1つを矢印Bで示している。力のAのもう1つの分力をかきなさい。 技

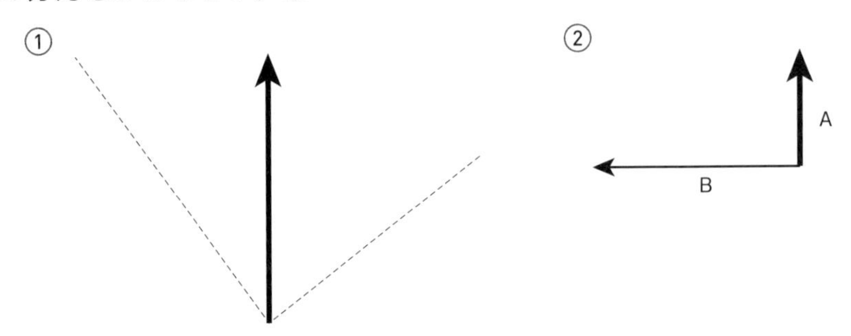

❷ 図1のように，斜面と水平面がなめらかにつながっている装置を使い，斜面上で台車を静かに離し，その運動を1秒間に60回打点する記録タイマーを使ってテープに記録した。図2は，テープを6打点（0.1秒分）ごとに切りとり，時間の経過順に左からはりつけたものである。これについて，次の問いに答えなさい。 思

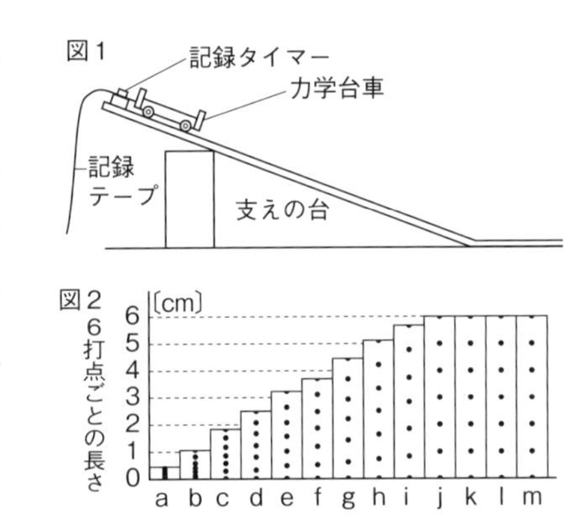

□ ❶ 台車の速さが変化しない区間はa～mのどこか。

□ ❷ 水平面で運動しているときの台車の速さは何cm/sか。

□ ❸ 台車の速さと時間の関係を示すグラフを，右の㋐～㋓から選びなさい。

□ ❹ 水平面で運動しているときの台車の進む距離と時間には，どのような関係があるか。

□ ❺ 台車の進む距離と時間の関係を示すグラフを，右の㋕～㋘から選びなさい。

□ ❻ 水平面上で右向きに運動している台車には，進行方向の向きの力ははたらいているといえるか。

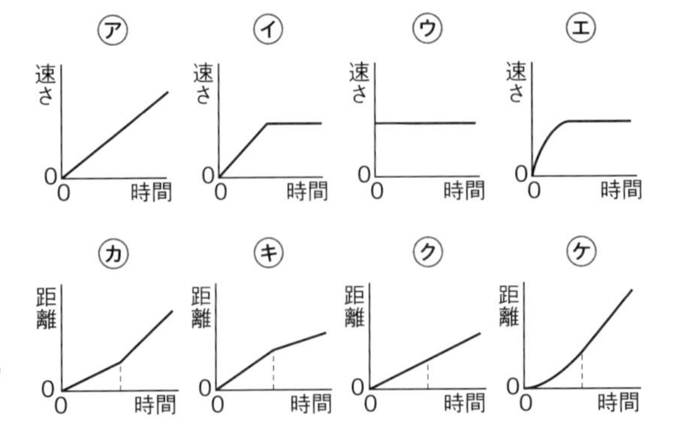

　成績評価の観点　技…観察・実験の技能　思…科学的な思考・判断・表現

❸ 図のように，なめらかな面の点Ａから金属球を静かに離したところ，金属球は面にそってＢ，Ｃ，Ｄ，Ｅの各点を通って運動した。これについて，次の問いに答えなさい。ただし，摩擦や空気の抵抗はないものとする。 思

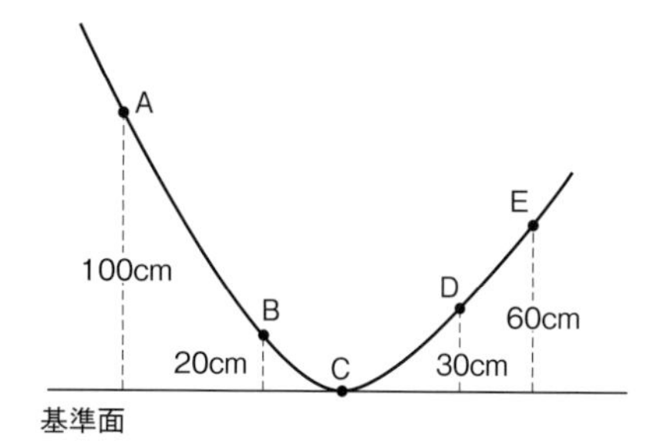

□ ❶ 金属球が点Ａを出て点Ｂに達するまでに，金属球がもっている位置エネルギーはふえるか，へるか。

□ ❷ 金属球がもっている位置エネルギーがもっとも大きい点は，Ａ～Ｅのどこか。

□ ❸ 金属球がもっている運動エネルギーがもっとも大きい点は，Ａ～Ｅのどこか。

❹ 図のようなてこを使って，一定の速さで10 kgの石を0.3 m持ち上げた。次の問いに答えなさい。 思

□ ❶ 石がされた仕事は何Ｊか。

点UP □ ❷ てこを押し下げた力が50 Nだとすると，石を0.3 m持ち上げるには，てこを何m押し下げればよいか。

□ ❸ 石を持ち上げるのに５秒かかった。このときの仕事率は何Wか。

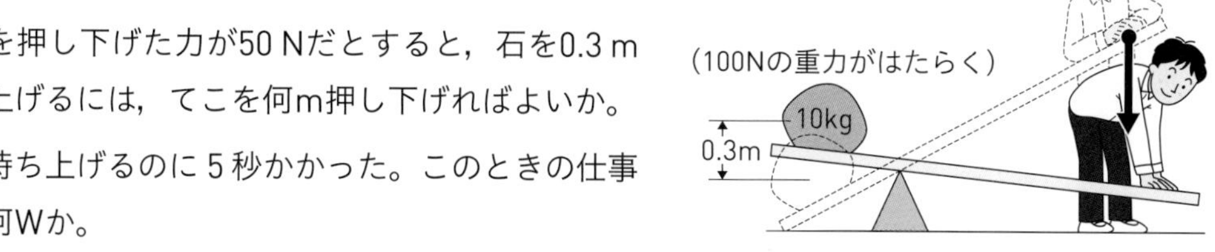

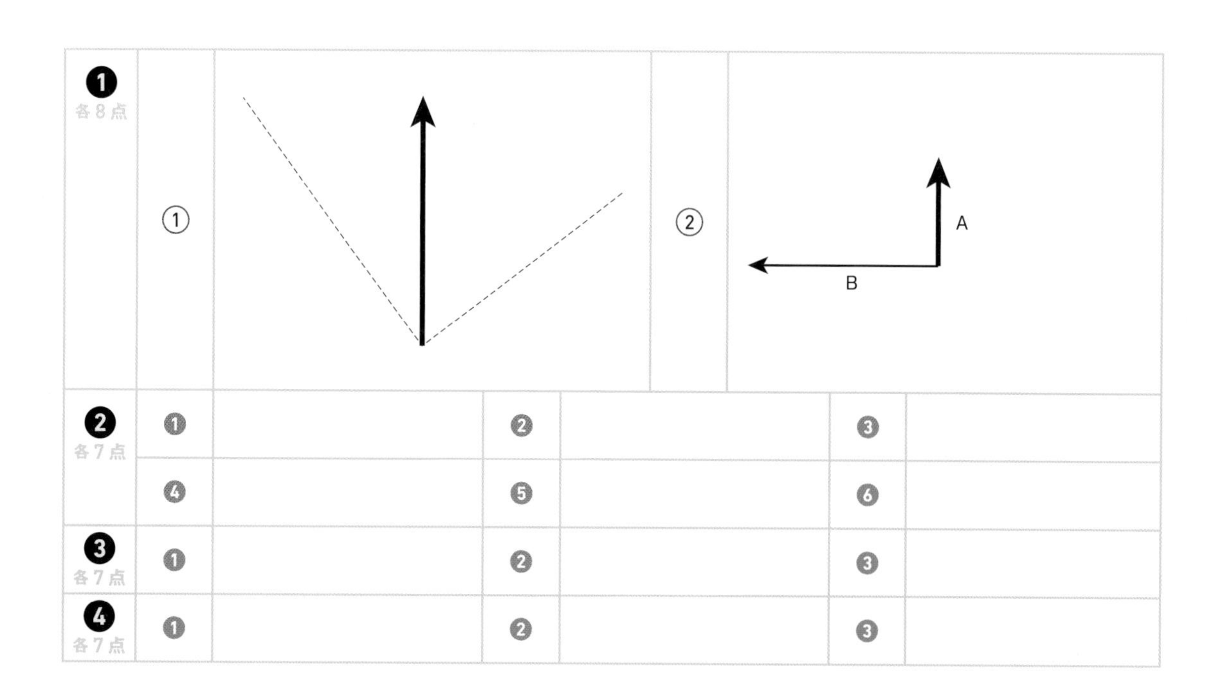

❶ ／16点 ❷ ／42点 ❸ ／21点 ❹ ／21点

[解答▶p.17]

Step 1 基本チェック　自然界のつり合い

赤シートを使って答えよう！

❶ 生物どうしのつながり

- □ ある地域に生息する生物たちと，それをとり巻く環境を，１つのまとまりとしてとらえたものを［ 生態系 ］という。
- □ 自然界の生物どうしの食べる・食べられるの関係でつながった，生物どうしのひとつながりを［ 食物連鎖 ］という。
- □ 網の目のように複雑にからみ合った，食物連鎖による生物どうしのつながりを［ 食物網 ］という。
- □ 植物など，光合成によって無機物から［ 有機物 ］をつくり出す生物を［ 生産者 ］という。これに対して，ほかの生物を食べることで，有機物をとり入れる生物を［ 消費者 ］という。
- □ 土の中の小動物や微生物のように，消費者の中で，生物の遺骸や排出物などから有機物をとり入れて無機物に分解している生物を［ 分解者 ］という。

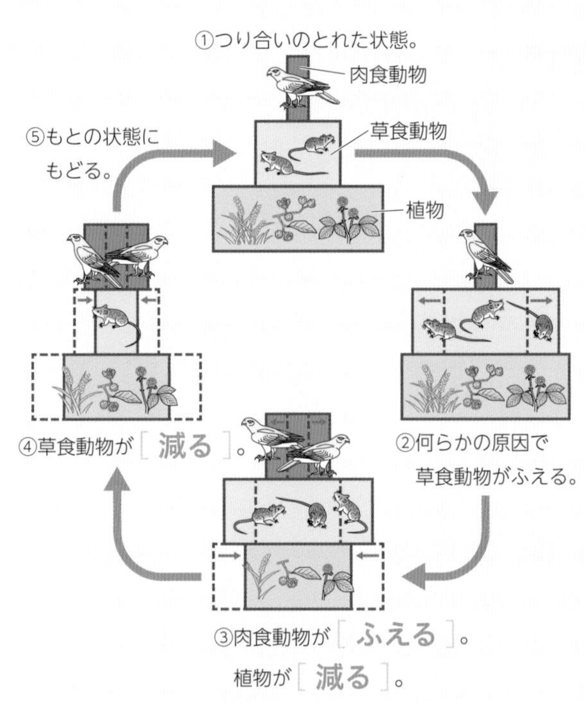

□ 生物の数量的なつり合いの変化

❷ 生物の活動を通じた物質の循環

- □ 動物は植物がつくった有機物や［ 酸素 ］をとり入れて［ 呼吸 ］を行い，生活に必要なエネルギーを得る。植物も呼吸を行う。
- □ 生物の体をつくる［ 炭素 ］などの物質は，食物連鎖や呼吸，光合成，分解などのはたらきで，生物の体と外界との間を循環している。

生物の数量的なつり合いを問う問題がよく出る。

Step 2 予想問題

1章 自然界のつり合い

20分
(1ページ10分)

【食物連鎖】

❶ 図は，ある湖における食べる・食べられるの関係にある生物である。これについて，次の問いに答えなさい。

□ ❶ 食べる・食べられるの関係でつながった生物どうしのひとつながりを，何というか。

（　　　　　　）

□ ❷ ❶の関係で，いちばん最後にくるものは，図中では何か。

（　　　　　　）

大形の魚

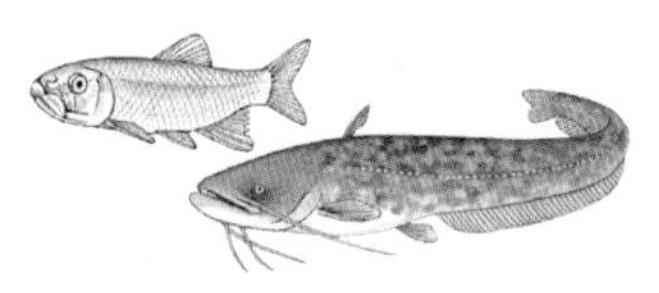

動物プランクトン

植物プランクトン

小形の魚

【生態系における生物の数量的関係】

❷ 図1は，ある生態系での生物の数量関係を模式的に表したものである。これについて，次の問いに答えなさい。

図1

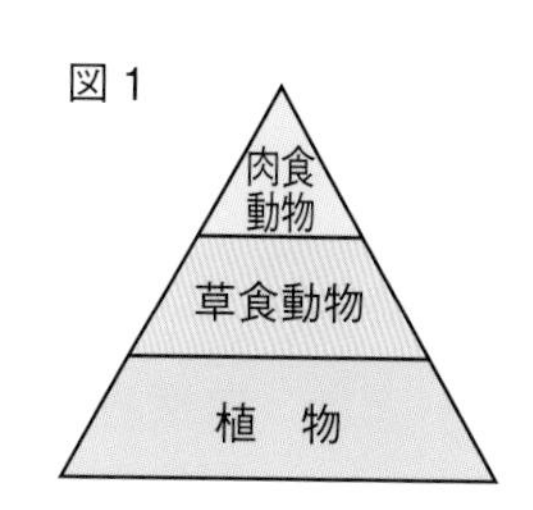

□ ❶ 植物のように，光合成で無機物から有機物をつくり出す生物を何というか。（　　　　　　）

□ ❷ ほかの生物を食べることで，有機物をとり入れる生物を何というか。

（　　　　　　）

□ ❸ 図2は，何らかの原因で，草食動物の数が減った（A）後，長い年月をかけてもとのつり合った状態にもどるようすを示している。図2のCはどのようになるか，図2のCを塗(ぬ)りつぶしなさい。

図2

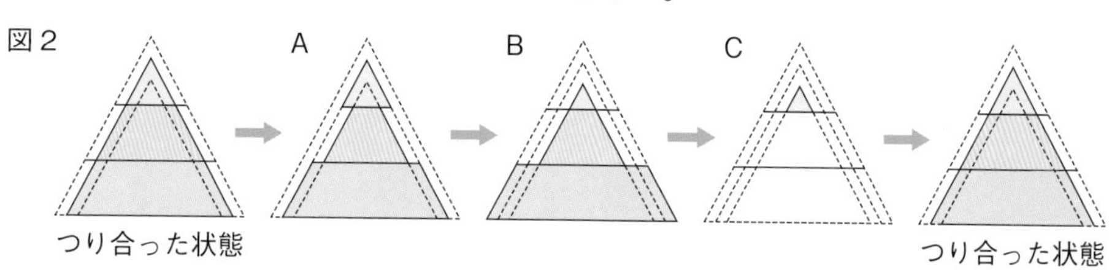

ヒント ❷❸食べる生物が減ると，食べられる生物はふえる。

ミスに注意 ❷❸つり合った状態と比較してふえたか減ったかを考え，塗りつぶす。

［解答▶p.17］

【土の中の食物連鎖】

❸ 植えこみの土を水に入れてかき混ぜ，上澄み液を2本の試験管A，Bに分けた。これについて，次の問いに答えなさい。

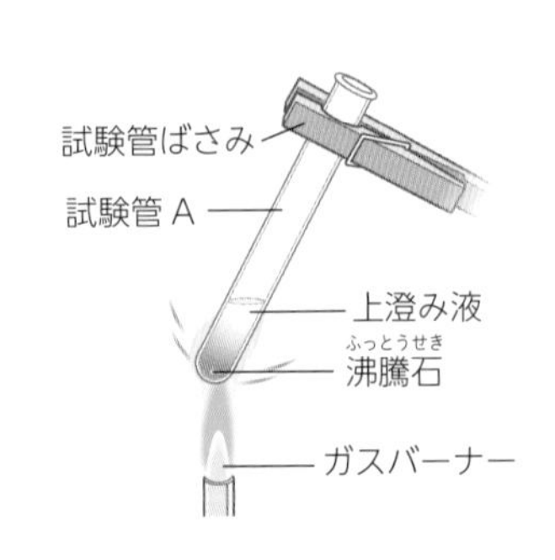

□ ❶ 図のように，試験管Aだけを加熱した。加熱した理由を簡単に書きなさい。（　　　）

□ ❷ 試験管A，Bの液をそれぞれろ紙にしみこませ，デンプンと脱脂粉乳を入れた寒天培地の上にのせて数日置いた。この寒天培地にヨウ素（溶）液を加えたとき，色が変化するのはどちらか。A，Bの記号で答えなさい。（　　　）

□ ❸ ❷の実験のような結果に関係しているのは何類の生物か。2つ答えなさい。（　　　類）（　　　類）

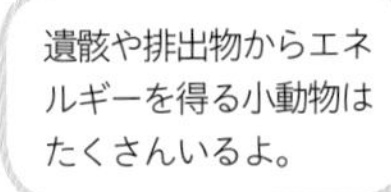

□ ❹ 土の中には，❸の生物以外にもいろいろな土壌動物がすんでいて，それらが生物の遺骸やふんなどの排出物を食べてエネルギーを得ている。このような生物を何というか。（　　　）

□ ❺ ❹の生物は，呼吸によって，遺骸や排出物などの有機物を無機物にしている。この無機物を2つ書きなさい。

（　　　）（　　　）

【生物を通しての物質の循環】

❹ 図は，自然界での物質の循環を示したものである。これについて，次の問いに答えなさい。

□ ❶ 物質㋐，㋑は，大気中の何という気体か。

㋐（　　　）　㋑（　　　）

□ ❷ 物質㋐が，植物にとりこまれるはたらきを何というか。

（　　　）

□ ❸ 図の矢印（⟶）は，何の移動を表しているか。

（　　　）

ヒント ❸❶上澄み液には，土の中の微生物がいると考えられる。

ミスに注意 ❹❸植物からも動物からも微生物からも排出されている。

［解答▶p.17］

Step 1 基本チェック　エネルギーとエネルギー資源

10分

赤シートを使って答えよう！

❶ 生活を支えるエネルギー

□ わたしたちの生活に必要なエネルギーは，石油や石炭，天然ガスなどの［化石燃料］の大量消費によってまかなわれている。

□ エネルギー資源の多くは，発電に利用されている。発電方法には，石油や石炭などを利用した［火力］発電や，水力発電，地熱発電，風力発電，太陽の光エネルギーを利用した［太陽光］発電，ウランなどが核分裂するときのエネルギーを利用した［原子力］発電などがある。

❷ エネルギー利用上の課題と有効利用

□ 化石燃料やウランなどの埋蔵量には限りがある。また，化石燃料を燃やしたときに発生する［二酸化炭素］は，地球［温暖化］の原因になることなどが問題となっている。

□ ウランなどの放射性物質からは［放射線］が出る。

□ 放射線には，α線，［β］線，γ線，中性子の流れの［中性子］線などがある。

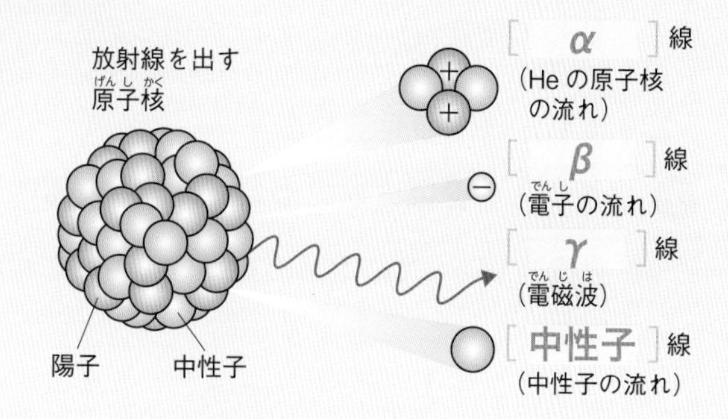

□ おもな放射線

□ 放射線は医療や農業などにも用いられているが，生物があびる（被曝する）と，細胞や［DNA］が傷ついてしまう可能性もある。

□ 資源の枯渇に備えて，太陽光や風力などの自然エネルギーや，木片や落ち葉などの［バイオマス］（生物資源）を使った発電が注目されている。

□ 化学エネルギーを直接［電気］エネルギーに変換する［燃料電池］などの新しい発電方法が開発されつつある。

テストに出る　いろいろな発電方法について，エネルギーがどう変換されているかがよく出る。

Step 2 予想問題 エネルギーとエネルギー資源

10分
（1ページ10分）

【いろいろなエネルギーと発電方法】

❶ 下の①～③の文は，発電方法を説明したものである。下線部のもつエネルギーを下の㋐～㋕から選び，（　　）に記号で答えなさい。

㋐ 位置エネルギー　㋑ 運動エネルギー
㋒ 電気エネルギー　㋓ 熱エネルギー
㋔ 化学エネルギー　㋕ 核（かく）エネルギー

① 火力発電…化石燃料（　　　　）を燃やし，発生した高温の水蒸気（　　　　）で発電機を回して電気（　　　　）を得る。

② 水力発電…ダムにためた水（　　　　）を落下させて，発電機を回して電気（　　　　）を得る。

③ 原子力（げんしりょく）発電…ウランなどの原子核が分裂（ぶんれつ）するときに発生するエネルギー（　　　　）で高温の水蒸気（　　　　）をつくり，発電機を回して電気（　　　　）を得る。

【エネルギー資源の有効利用】

❷ いろいろな発電方法について，次の問いに答えなさい。

□ ❶ 光電池を使って，太陽の光エネルギーを利用して発電する方法を何というか。（　　　　）

□ ❷ 地下のマグマの熱であたためられた水蒸気を利用してタービンを回して発電する方法を何というか。（　　　　）

□ ❸ 自然の風の力で風車を回し，発電機を回して発電する方法を何というか。（　　　　）

□ ❹ ❸の長所と短所を，１つずつ簡単に書きなさい。

長所（　　　　）

短所（　　　　）

□ ❺ 再生可能なエネルギーについての文の①，②にあてはまる語を書きなさい。

植物は光合成をして（①　　　　）を吸収するため，木片や落ち葉などといった（②　　　　）を燃やしても，大気中の（①）の増加の原因にはならないという考えをカーボンニュートラルという。

ヒント ❶水力発電は水の力で，火力発電と原子力発電は水蒸気の圧力でタービンを回転させる。

［解答▶p.18］

Step 1 基本チェック 物質の利用と科学技術の発展

10分

赤シートを使って答えよう！

❶ さまざまな物質の利用

□ 繊維(せんい)は，綿や絹のような天然の素材のほかに，ポリエステルやナイロンなどの石油から人工的につくられた合成繊維がある。

□ 天然の物質と人工の物質でできているものは，重さや色，耐熱性(たいねつせい)など，[性質] にちがいがあるので，用途(ようと)に応じて使い分けている。

□ ポリエチレンやポリスチレンなど，石油などを原料として [人工的] につくられた有機物の総称(そうしょう)を [プラスチック] という。

□ プラスチックは，電気を通さない性質を利用して，電気コードの被(ひ)ふくなどにも用いられている。

- [電気] を通さない。
- 水をはじいてぬれない。
- 熱するととけて [燃える] 。
- 腐らずさびないため，長持ちする。
- 軽くて柔軟性がある。
- [加工] しやすい。

□ プラスチックの性質

❷ 科学技術の発展

□ 科学技術の発展によって，交通輸送の手段は，人力や馬力などから蒸気機関を動力源になり，そして [電気] が使われるようになって，多くの人や荷物をより速く，遠くまで輸送できるようになった。

□ 科学技術の発展は，生活を便利にしただけでなく，社会も大きく変えてきたが，自動車や工場からの排出(はいしゅつ)ガスによる [大気汚染(おせん)]，工場からの排水による [水質汚濁(おだく)] などの問題が引き起こされてきた。

□ インターネットの普及(ふきゅう)と情報処理技術の発展により，情報を早く入手できるようになった。

□ コンピュータ技術の発展から，[AI(エーアイ)]（人工知能）や [VR(ヴイアール)]（仮想現実）の技術も活用が広がっている。

プラスチックの利点とごみ問題について，知っておこう。

Step 2 予想問題 物質の利用と科学技術の発展

【プラスチック】

❶ プラスチックの性質について，次の問いに答えなさい。

□ ❶ 次の文は，プラスチックの性質や種類についてまとめたものである。（　）の中に適当な言葉を入れて，文を完成しなさい。

　プラスチックは，（①　　）などを原料として人工的に合成された物質（合成樹脂）で，軽く，熱や力を加えて（②　　）しやすい，（③　　）を通さない，じょうぶで腐らないなどの特徴をもっている。

　日常よく見られるプラスチックには，（④　　）（略称PE）や（⑤　　）（略称PET）などがある。

　PEは燃やすと炎を出して燃えるが，PETは炎とけむりを出して燃える。また，PEは水に（⑥　　）が，PETは水に（⑦　　）。

□ ❷ プラスチックを燃やしたところ，燃えて気体が発生した。この気体は何か。名称を答えなさい。（　　）

□ ❸ プラスチックは有機物か，無機物か。（　　）

□ ❹ プラスチックは腐らず長持ちするかわり，廃棄されたごみが自然界に長く残り，こまかくなって魚が飲みこんでしまうなどの問題が発生している。このために，自然界に流出しないようにリサイクルする必要がある。このリサイクルのときに注意することは何か。次の㋐〜㋓から正しいものを選び，記号で答えなさい。（　　）

㋐色ごとに分別する。　㋑種類ごとに分別する。
㋒重さごとに分別する。　㋓大きさごとに分別する。

【科学技術の利用】

❷ 科学技術の進歩について，次の問いに答えなさい。

□ ❶ 人間の脳のように考えることができる人工知能をアルファベット2文字で何というか。（　　）

□ ❷ 世界の情報が，瞬時にして入手できるようになったのは，どのような技術が普及したからか。（　　）

ヒント ❶❹種類の異なるプラスチックが混ざると，リサイクルが難しくなる。

ミスに注意 ❷❶略称をアルファベットで書く。

［解答▶p.19］

Step 1 基本チェック 人間と環境

10分

赤シートを使って答えよう！

❶ 人間の活動と自然環境

- □ 人間の活動が，空気や［水］などの身近な環境に影響を与えている。
- □ 自然の特徴を理解し，過去に起こった災害を調べて教訓にすることで，防災・減災をめざすことができる。
- □ 二酸化炭素などの温室効果をもつ気体（温室効果ガス）の増加によって，地球の平均気温が少しずつ上昇する［地球温暖化］が起こっている。
- □ フロンなどが大気の上層にあるオゾン層のオゾンを分解して，地表に届く紫外線の量が増加している。
- □ 化石燃料を燃焼させると，窒素酸化物や硫黄酸化物，粉じんなどが大気中に放出され，［大気汚染］が起こる。窒素酸化物が硝酸に変化したり，硫黄酸化物が硫酸に変化したりして雨にとけこむと，酸性雨となる。
- □ 生活排水によって水中の窒素化合物の量がふえると，これを栄養とする植物プランクトンがふえ，［赤潮］や［アオコ］が発生し，魚などが大量に死に，漁業に被害が出る。
- □ もともとは生息していなかった地域に，人間の活動によって持ちこまれて定着した［外来生物（外来種）］によって，生態系のバランスがくずれる。

❷ 科学技術の発展と課題

- □ わたしたちは資源の消費を減らして再利用を進め，資源の循環を可能にした［循環型社会］を築く必要がある。
- □ 将来，資源が枯渇したり，エネルギーが不足したりしないようにしつつ，環境や資源を保全したりし，現在の豊かな生活を続けることができる社会（［持続可能な社会］）を築かなければならない。

人間の生活が環境におよぼす影響，自然が人間の生活におよぼす影響をまとめておこう。

Step 2 予想問題 人間と環境

20分
（1ページ10分）

【自然環境の調査】

❶ 空気と川のよごれについて，調査を行った。これについて，次の問いに答えなさい。

□ ❶ 空気のよごれを調べるために，カイヅカイブキという植物の枝を採取して，枝についたよごれの度合いを調べた。表1はその結果である。カイヅカイブキに見られたよごれは，何が原因だと考えられるか。次の㋐～㋓から選び，記号で答えなさい。

（　　）

㋐ 植物の花粉
㋑ 動物の排出物
㋒ 人間や動物がはいた二酸化炭素
㋓ 車の排出ガス

表1

地点	状況	段階
地点A	交通量が多く，住宅が密集している。	段階3
地点B	交通量多いが，住宅は少ない。風通しがよい。	段階2
地点C	交通量が少ない。	段階1

よごれの度合い
段階1：付着物がついていない。
段階2：付着物はあるが，溝にたまるほどではない。
段階3：付着物が溝にたまっている。

□ ❷ 表2は，ある川のある地点にすむ生物を採取した数である。この地点の水質はどれだと考えられるか。次の㋐～㋓から選び，記号で答えなさい。（　　）

㋐ きれいな水
㋑ ややきれいな水
㋒ きたない水
㋓ とてもきたない水

表2

生物名	数
カワニナ類	12
ヤマトシジミ	5
サワガニ	1
ゲンジボタルの幼虫	3
オオシマトビゲラ	2

【これからの社会】

❷ 「持続可能な社会」とは何か。次の①～③にあてはまる言葉を書きなさい。

□ 環境や（①　　　）などを保全し，（②　　　）の世代が豊かな生活を送るための要求を満たしつつ，（③　　　）の世代の要求も満足させるような社会を持続可能な社会という。

ヒント ❶❷カワニナ類が多いことから考える。

［解答▶p.19］

【環境問題】

❸ A～Fは，人間の生活により自然環境が変化した事例を示している。これについて，次の問いに答えなさい。

A
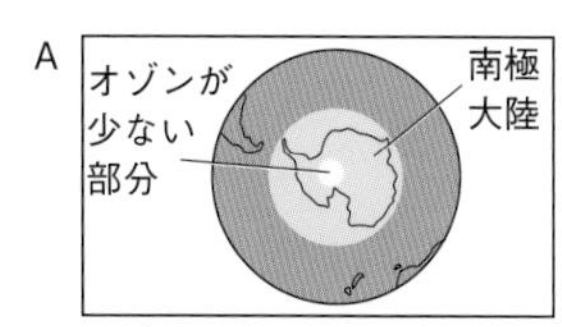

オゾン層は，生物に有害な紫外線が地表に達するのを防いでいる。このオゾンが南極の上空で減少している。

B

酸性雨によって，森林が立ち枯れたり，湖の魚が絶滅するなど，自然環境に大きな被害がもたらされている。

C

瀬戸内海のような閉鎖的な水域では，夏に植物プランクトンが大発生して，赤潮になることがある。

D

アマゾン川流域には熱帯雨林とよばれる豊かな森林がある。近年，その面積が急速に減少している。

E

地球温暖化によって気温が上昇すると，氷山や極地方の氷がとけ出す。

F

人間が科学技術によってつくり出したプラスチックなどは，分解者が分解できないため自然界を循環できない。

□ ❶ 次の①～⑥は，A～Fのどの事例の原因を表しているか。記号で答えなさい。

① フロンの大量使用　(　　　)
② 窒素(ちっそ)化合物をふくむ生活排水(はいすい)や農業排水　(　　　)
③ 化石燃料の消費による窒素酸化物や硫黄(いおう)酸化物の放出　(　　　)
④ 化石燃料の消費による二酸化炭素の大量排出(はいしゅつ)　(　　　)
⑤ 自然界に存在しない物質が科学技術によりつくられた。　(　　　)
⑥ 耕地を拡大するために森林が焼き払(はら)われた。　(　　　)

□ ❷ 次の①～⑥は，A～Fの事例による自然環境の変化を示している。どの事例か，記号で答えなさい。

① 海面が上昇し，低地が水没(すいぼつ)する。　(　　　)
② 地上に届く紫外線(しがいせん)の量がふえ，皮膚(ひふ)がんになりやすい。　(　　　)
③ 水中の酸素が少なくなり，魚が死ぬ。　(　　　)
④ 森林が枯(か)れ，植物の育たない土壌(どじょう)になる。　(　　　)
⑤ 地球温暖化が進み，生物の数量的なつり合いも変化する。　(　　　)
⑥ 地上にごみとしてたまる一方である。　(　　　)

ヒント ❸❶排出ガスにふくまれる窒素酸化物は硝酸(しょうさん)に，硫黄酸化物は硫酸(りゅうさん)に変化する。

[解答▶p.19]

Step 3 予想テスト 自然・科学技術と人間

30分　/100点　目標 70点

❶ 図は，ある場所の生物の数量関係を模式図に示したものである。これについて，次の問いに答えなさい。 思

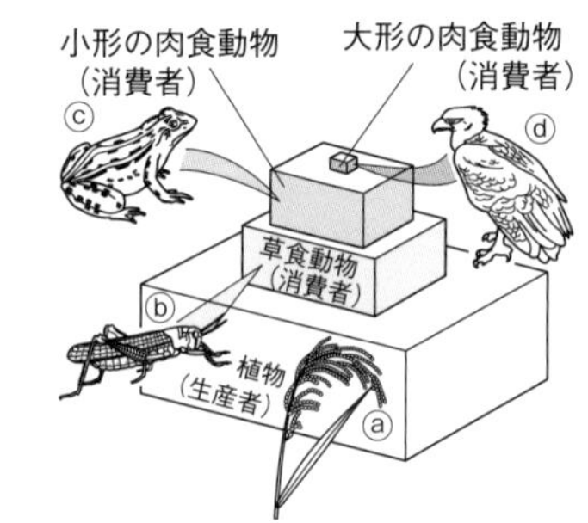

□ ❶ 生物の食べる・食べられるの関係を何というか。

□ ❷ 図の生物の数量は，上の層にいくにしたがってどうなるか。

□ ❸ 自然界のつり合いについて述べた次の文章を完成させなさい。

　ある生物が一時的にふえることがあっても，（　①　）の量には限りがあるため，やがて（　②　）の数量にもどる。しかし，（　③　）の活動や自然災害によって，生物の数量的なつり合いがくずれてしまうと，もとの状態にもどるのに長い（　④　）がかかり，もとの状態にもどらない場合もある。

□ ❹ 図中の生物ⓑが何らかの原因で減少したとすると一時的に生物ⓐやⓒはどうなるか。右のグラフから正しいものを選びなさい。

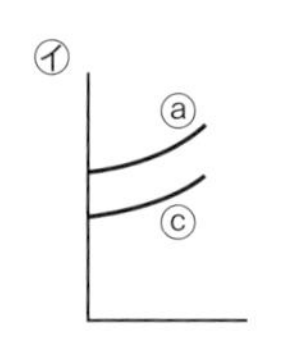

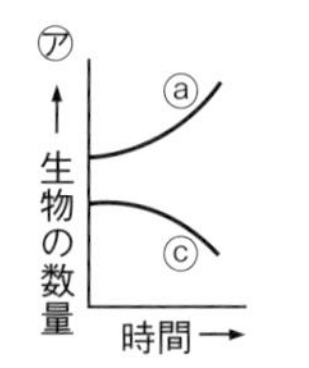

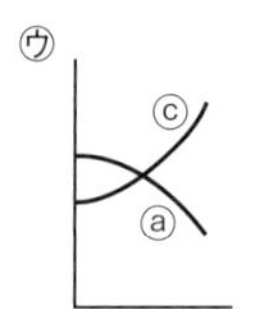

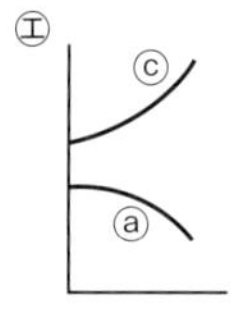

❷ 図は，土の中の微生物のはたらきを調べようとしたものである。これについて，次の問いに答えなさい。 技

上澄み液　採取した土　ビーカーA　ビーカーB　デンプンのりを加える。　ラップフィルム　3日間放置する。　沸騰させて，冷ます。　ヨウ素(溶)液を加える。

□ ❶ ビーカーBの上澄み液を沸騰させた理由を，簡単に書きなさい。

□ ❷ デンプンのりを加えた後にラップフィルムでふたをした理由を，簡単に書きなさい。

□ ❸ ヨウ素(溶)液を加えて青紫色になるのはA，Bのどちらか。

❸ 図は，生物を通しての炭素の循環を示した模式図である。これについて，次の問いに答えなさい。

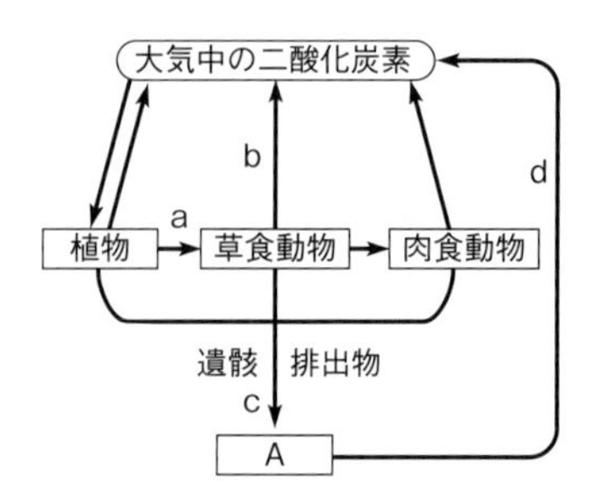

□ ❶ 図のa～dの矢印のうち，無機物としての炭素の流れを示しているものを2つ選びなさい。

□ ❷ 図のAは，生物の遺骸や排出物などから有機物を得ている生物である。このような生物を何というか。

❹ 図1は北半球の平均気温の推移，図2は世界の人口の推移を表したグラフである。これについて，次の問いに答えなさい。 思

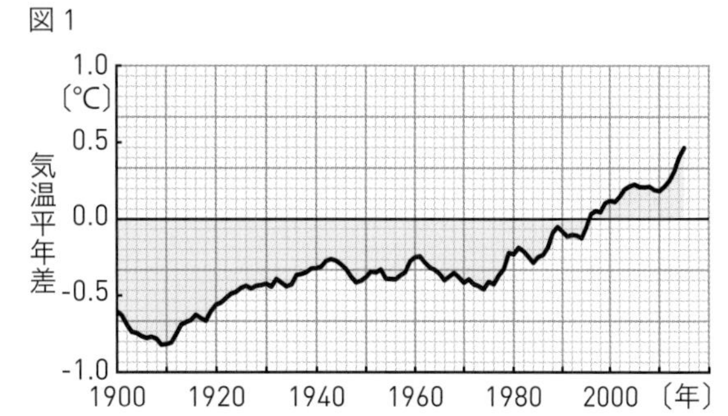

1981～2010年の30年間の平均値を基準にして，それからの差を気温平年差としている。
気象庁の資料より。

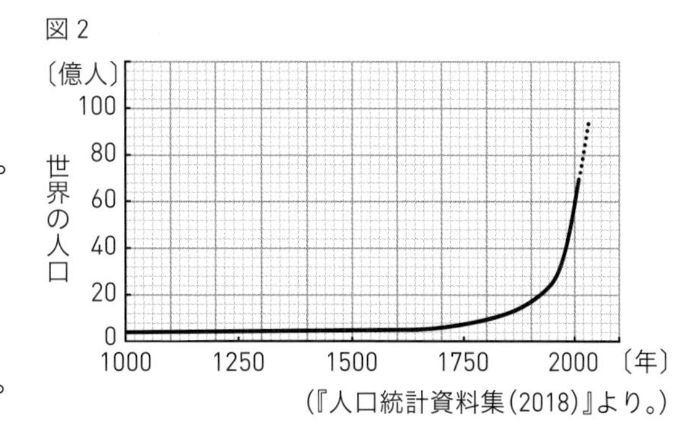

(『人口統計資料集(2018)』より。)

□ ❶ 図1に見られるように，地球の平均気温が少しずつ上昇することを何というか。

□ ❷ 図1，2より，平均気温の上昇は，人間の活動によって発生する，ある気体がおもな原因と考えられている。この気体は何か。1つ書きなさい。

点UP □ ❸ ❷の気体がふえた原因を，「化石燃料」と「森林」についてそれぞれ書きなさい。

□ ❹ ❷の気体を減らす工夫として，適切なものを，次の㋐～㋒から選びなさい。
㋐ 石油の使用をやめ，石炭にする。
㋑ 太陽光やバイオマスなどを利用する。
㋒ プラスチックを使わず，天然素材のものにする。

環境

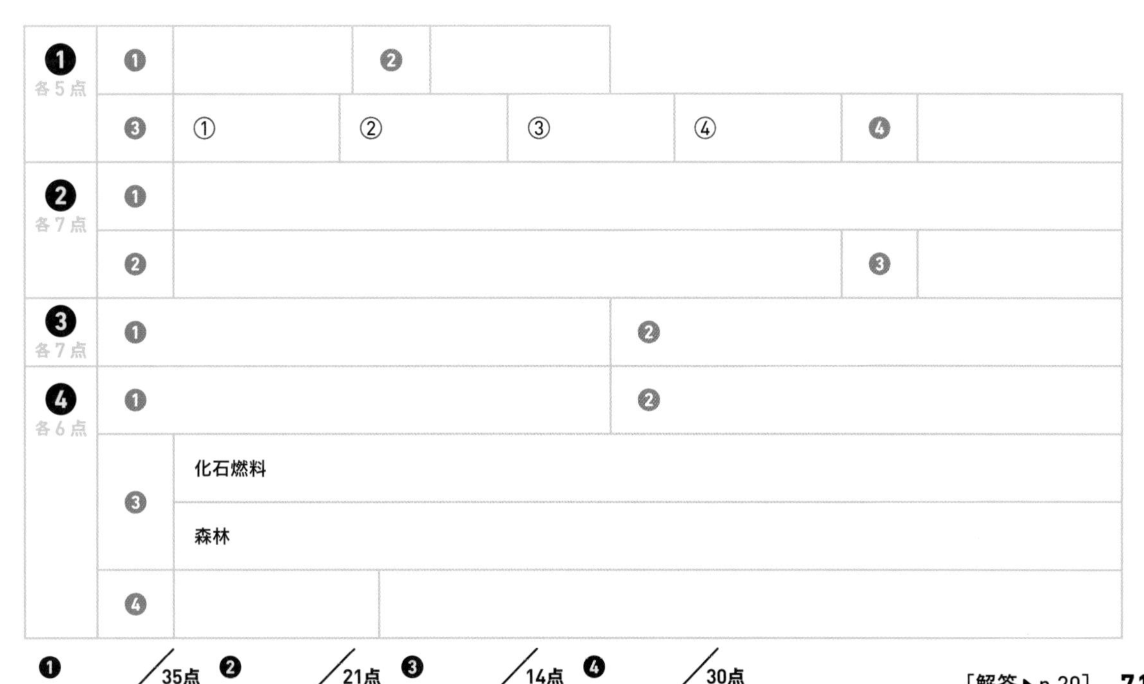

❶ 各5点	❶		❷						
	❸	①	②	③	④	❹			
❷ 各7点	❶								
	❷		❸						
❸ 各7点	❶		❷						
❹ 各6点	❶		❷						
	❸	化石燃料							
		森林							
	❹								

❶ ／35点 ❷ ／21点 ❸ ／14点 ❹ ／30点

[解答▶p.20]

テスト前 ☑ やることチェック表

① まずはテストの目標をたてよう。頑張ったら達成できそうなちょっと上のレベルを目指そう。
② 次にやることを書こう（「ズバリ英語〇ページ，数学〇ページ」など）。
③ やり終えたら□に✓を入れよう。
最初に完ぺきな計画をたてる必要はなく，まずは数日分の計画をつくって，
その後追加・修正していっても良いね。

目標

	日付	やること 1	やること 2
2週間前	／	□	□
	／	□	□
	／	□	□
	／	□	□
	／	□	□
	／	□	□
	／	□	□
1週間前	／	□	□
	／	□	□
	／	□	□
	／	□	□
	／	□	□
	／	□	□
	／	□	□
テスト期間	／	□	□
	／	□	□
	／	□	□
	／	□	□
	／	□	□

キリトリ線

QRコードのページに登録すると，「ぴたリンク」からも表をダウンロードできるよ

テスト前 ☑ やることチェック表

① まずはテストの目標をたてよう。頑張ったら達成できそうなちょっと上のレベルを目指そう。
② 次にやることを書こう（「ズバリ英語〇ページ，数学〇ページ」など）。
③ やり終えたら□に✓を入れよう。
最初に完ぺきな計画をたてる必要はなく，まずは数日分の計画をつくって，
その後追加・修正していっても良いね。

目標

	日付	やること 1	やること 2
2週間前	／	□	□
	／	□	□
	／	□	□
	／	□	□
	／	□	□
	／	□	□
	／	□	□
1週間前	／	□	□
	／	□	□
	／	□	□
	／	□	□
	／	□	□
	／	□	□
	／	□	□
テスト期間	／	□	□
	／	□	□
	／	□	□
	／	□	□
	／	□	□

QRコードのページに登録すると，「ぴたリンク」からも表をダウンロードできるよ

全教科書版 理科3年 | 定期テスト ズバリよくでる | 解答集

化学変化とイオン

p.3-4 Step 2

❶ ① (別の水溶液に電極を入れる前に) 電極を蒸留水 (精製水) で洗う。

② ㋐, ㋒, ㋓, ㋕

③ 電解質

④ 非電解質

⑤ 電離

❷ ① 塩素

② 赤インクの色が消える。

③ ㋒

❸ ① ㋐ 陽子

㋑ 中性子

㋒ 電子

② + (の電気)

③ 帯びていない。

④ 同位体

考え方

❶ ① 別の水溶液(すいようえき)に一度使った電極を入れる場合, 電極に前の水溶液が付着していると, 正しい結果を得ることができない。

② ③ 水溶液には, 電流が流れるものと電流が流れないものがある。

④ 砂糖やエタノールなどは非電解質なので, 水にとけても電流が流れない。

❷ 塩酸を電気分解すると, 陽極側にはプールの消毒薬のような刺激臭(しげきしゅう)がする塩素 Cl_2 が発生し, 陰極(いんきょく)側には水素が発生する。

① 電極Aは陽極である。陽極には塩素が発生するが, 塩素は水にとけやすいので, 装置内にたまりにくい。

② 塩素には漂白(ひょうはく)作用があるため, 塩素がとけた水を赤インクで着色した水の中に入れると, インクの色が消える。

③ 水素の性質を選ぶ。㋐は二酸化炭素, ㋑は酸素の性質である。

❸ ②～④ 陽子の数によって原子の種類が決まる。例えば, 陽子が1つの原子は水素原子である。陽子を2つもつ原子はヘリウム原子であり, 中性子を2つもつ。原子核(げんしかく)のまわりに電子を, 水素原子は1つ, ヘリウム原子は2つもっており, それぞれ原子全体として電気を帯びていない (電気的に中性という)。

p.6-7 Step 2

❶ ① 水溶液中の銅イオンが少なくなったから。

② マグネシウム, 亜鉛, 銅

❷ ① 亜鉛板**ぼろぼろになった。**

銅板**赤 (茶) 色の物質 (銅) が付着した。**

② 亜鉛

③ 銅板

❸ ① 化学エネルギー

② ㋒

❹ ① ㋐, ㋒, ㋕

② 充電により, くり返し使える。

③ 燃料電池

④ $2H_2 + O_2 \longrightarrow 2H_2O$

考え方

❶ イオンになりやすい金属は, 水溶液(すいようえき)中にとけ出して陽イオンになり, 水溶液中の陽イオンは金属になって現れる。

① 塩化銅水溶液は青色をしている。これは, 銅イオンの色である。現れた赤 (茶) 色の固体は銅であり, 水溶液中の銅イオンが少なくなったと考えられる。

❷ 表より，マグネシウム片(へん)は，硫酸亜鉛(りゅうさんあえん)水溶液を加えても，硫酸銅水溶液を加えても変化している。亜鉛板は，硫酸マグネシウム水溶液を加えても反応しなかったが，硫酸銅水溶液を加えたときは反応した。銅片は硫酸マグネシウム水溶液を加えても，硫酸亜鉛水溶液を加えても変化しなかった。このことから，マグネシウムがもっとも（陽）イオンになりやすく，銅がもっとも（陽）イオンになりにくいとわかる。

❷（陽）イオンになりやすい金属が，電子を失って水溶液中にとけ出す。電子は導線を通ってもう一方の金属に移動し，水溶液中の陽イオンがその電子を受けとり，原子になって現れる。電流は電子の移動の向きと逆に流れるため，イオンになりやすい金属板が－極(マイナス)になる。

❶❷ 銅より亜鉛のほうがイオン（Zn^{2+}）になりやすいので，亜鉛板はとけ出して，銅板には銅が付着する。

❸ 電子は亜鉛板から銅板へ移動する。電流の向きはその逆である。

❸ ❷ 電子オルゴールは，オルゴールの＋極(プラス)を電池の＋極に，－極を電池の－極につないだときだけ，音が出る。したがって，実験で電子オルゴールが鳴らなかったのは，とりつける電極を間違えたからである。ダニエル電池では，銅板が＋極，亜鉛板が－極になるので，銅板と電子オルゴールの＋極，亜鉛板と電子オルゴールの－極をつなぐ。

❹ ❶ 一次電池とは，充電(じゅうでん)できない電池のことである。

❸❹ 燃料電池は，水素と酸素が結びつくときの化学エネルギーを電気エネルギーとしてとり出す電池のことである。反応後には水だけ生じて有害な排出(はいしゅつ)ガスが出ないこと，水素を供給し続ければ継続(けいぞく)して電気をとり出せることから，環境(かんきょう)に影響(えいきょう)が少ない電池として開発が進められている。

p.9-10 Step ❷

❶ ① ×　② ×　③ 青
④ 赤　⑤ ×　⑥ ×
⑦ 黄　⑧ 緑　⑨ 青
⑩ ×　⑪ ×　⑫ 赤

❷ ❶ 名称 **水素イオン**　化学式 **H^+**
❷ 名称 **水酸化物イオン**　化学式 **OH^-**
❸ B
❹ A，D
❺ H_2

❸ ❶ ㋐
❷ ㋓
❸ $HCl \longrightarrow H^+ + Cl^-$

❹ ①，②

考え方

❶ これ以外にもpH(ピーエイチ)を知るためのものとしてpH試験紙がある。これはしみこませた液のpHによって色が変化する。

❷ BTB（溶(よう)）液(えき)の反応より，試験管AとDの水溶液は酸性，Bはアルカリ性，Cは中性であるとわかる。

❶ 酸性の水溶液は，水溶液中に水素イオンH^+がある。

❷ アルカリ性の水溶液は，水溶液中に水酸化物イオンOH^-がある。

❸ フェノールフタレイン（溶）液は，アルカリ性と反応して赤色になる。

❹❺ マグネシウムは，酸性の水溶液と反応して水素が発生する。

❸ 乾いたろ紙やpH試験紙は電流が流れない。そこで，結果に影響(えいきょう)を与(あた)えない中性の電解質である硝酸(しょうさん)カリウム水溶液で湿(しめ)らせる。

❶ 塩酸中のH^+が陰極(いんきょく)に引きよせられる。pH試験紙は，酸性で赤色になる。

❷ 水酸化ナトリウム水溶液中のOH^-が陽極に引き寄せられる。pH試験紙は，アルカリ性で青色になる。

❸ 塩化水素の化学式はHClである。

❹ pHが7のときが中性。7より数字が小さいほど酸性が強く，7より数字が大きいほどアルカリ性が強い。

p.12-13 Step ❷

❶ ❶ ㊉
❷ **ゴム球がいたまないようにするため。**

❷ ❶ ㊉
❷ **塩化ナトリウム**
❸ **塩**

❸ ❶ **しだいに気体の発生は弱くなる。**
❷ **中和**
❸ ① OH^-　② H_2O

❹ ❶ **アルカリ性**
❷ **Bの水溶液**
❸ **7**
❹ **起こっていない。**

考え方

❶ こまごめピペットは，少量の液体を必要な量だけとるときに使う器具である。ピペットの先は割(わ)れやすいため，まわりにぶつけたりしないように注意する。液体がゴム球に流れこむとゴム球がいたむので，ピペットの先を上に向けないようにする。

❷ 酸性の水溶液(すいようえき)とアルカリ性の水溶液を混ぜ合わせると，たがいの性質を打ち消し合って中性になる。
❶ フェノールフタレイン（溶）液は，アルカリ性で赤色になる。中性や酸性では無色である。
❷❸ アルカリの陽イオンと酸の陰(いん)イオンが結びつくと，塩(えん)ができる。
ナトリウムイオン＋塩化物イオン⟶塩化ナトリウム（$Na^+ + Cl^- \longrightarrow NaCl$）

❸ 塩酸にマグネシウムリボンを入れると，水素が発生する。
❶ 酸性が弱くなれば，水素の発生は弱くなる。
❷❸ 酸の性質を示す水素イオンH^+と，アルカリの性質を示す水酸化物イオンOH^-が結びついて，水H_2Oができる反応である。

❹ ❶ AのOH^-とBのH^+が結びついて水H_2Oができる。図より，AのOH^-の数のほうが多いので，アルカリ性を示す。
❷ 残ったOH^-と結びつくだけH^+を加えればよい。
❹ 中性になった後，塩酸を加えていっても，中和は起こらない。

p.14-15 Step ❸

❶ ❶ **青色**
❷ **銅（赤（茶）色の物質）が付着する。**
❸ **Cl_2**
❹ **（青色を示す水溶液中の）銅イオンが少なくなったから。**

❷ ❶ **陽イオン**
❷ ㊄，㊉
❸ **銅**

❸ ❶ 亜鉛板　**ぼろぼろになった。**
銅板　**銅（赤（茶）色の物質）が付着した。**
❷ **亜鉛板**
❸ ①Zn^{2+}　② 2

❹ ❶ **水にとけると，電離して水素イオンを生じる物質。**
❷ 色　**緑**　pH　**7**
❸ ㋐，㋑

❺ ❶ **右図**
❷ **いえない。**
❸ **塩**

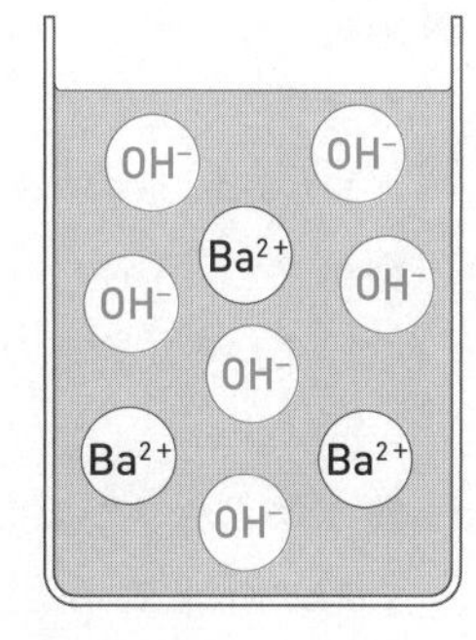

考え方

❶ ❶ 電解質の塩化銅がとけた水溶液(すいようえき)では，塩化銅が電離(でんり)して，銅イオンCu^{2+}と塩化物イオンCl^-が存在している。水溶液中に銅イオンCu^{2+}があるため，水溶液の色が青色になっている。

② 陽イオンのCu^{2+}が陰極に引きよせられ，電極に付着する。

③ 陰イオンのCl^{-}が陽極に引きつけられ，電子を放出して原子となり，２個結びついて分子になる。

④ 塩化銅水溶液の青色は，銅イオンによる色である。電気分解を続けると，銅イオンが陰極で電子を受けとり銅原子になるので，水溶液中の銅イオンが少なくなり，青色がうすくなる。

❷ イオンになりやすい金属を，それよりもイオンになりにくい水溶液に入れると金属がとけて，水溶液中の陽イオンが現れる。

② イオンへのなりやすさは，マグネシウム＞亜鉛＞銅であることから考える。

③ 水溶液が青色になったことから，銅がイオンになったと考えられる。また，出てきた結晶は銀であると考えられる。

❸ ① 亜鉛板から亜鉛がとけ出して電子を放出し亜鉛イオンになるため，亜鉛板はぼろぼろになる。銅板上では，銅イオンが電子を受けとって銅になる。

② 電子は亜鉛板から導線を通って銅板へ移動する。電流の向きは，電子の移動と逆になる。

❹ 中和とは，酸とアルカリがたがいの性質を打ち消し合う反応で，水素イオンと水酸化物イオンから水が生じる。

③ 酸性から中性になるまでの間，中和は起こっているが，その後は中和は起こっていない。

❺ ① 水酸化バリウムの化学式は$Ba(OH)_2$である。水にとけると，Ba^{2+}と$2OH^{-}$に電離する。Ba^{2+}とOH^{-}は，１：２の割合で存在している。

② 塩には，水にとけやすいものと，水にとけにくいものがある。

③ アルカリの陽イオンと酸の陰イオンが反応してできたものを塩という。

生命の連続性

p.17-18 Step ❷

❶ ① **無性生殖**

② **栄養生殖**

③ **㋐**

❷ ① **㋐ 卵巣　㋑ 精巣**

② **減数分裂**

③ **受精**

④ **受精卵**

⑤ **有性生殖**

⑥ **㋓→㋑→㋐→㋒**

❸ ① **受粉**

② **卵細胞**

③ **精細胞**

④ **受精**

⑤ **胚**

❹ ① **㋓**

② **根もとのほう**

③ **ⓑ**

④ **分裂して数がふえること。**
１つ１つの細胞が大きくなること。

考え方

❶ ① ミカヅキモやアメーバなどのように，体が２つに分裂するものや，酵母のように，体の一部から芽が出るようにふくらみ，それが分かれて新しい個体になるものもある。

② 多細胞生物である植物のうち，サツマイモやジャガイモのように，体の一部から新しい個体をつくるものを特に栄養生殖という。サツマイモやジャガイモのいもは，土に植えておくと，芽を出して葉・茎・根がそろい，新しい個体になる。

③ 無性生殖でふえた生物では，親の特徴はそのまま子に伝わる。

❷ 雌の卵巣でつくられた卵の核と，雄の精巣でつくられた精子の核が合体（受精）する。受精した卵は受精卵とよばれ，細胞分裂をくり返し，胚を経て成体となる。

② 生殖細胞ができるときは，染色体の数が半分になる減数分裂を行う。

③ 精子はべん毛を動かして移動し，卵までたどりつき，受精を行う。

④ 受精卵は体細胞分裂をくり返して胚になる。動物では，自分で食物をとり始めるまでの子を胚という。

⑤ 雌雄がかかわる生殖を有性生殖という。

⑥ 細胞の数が多くなっていく順に並べる。㋒は，頭や尾になる部分ができた状態である。

❸ ① 受粉すると，花粉から花粉管がのび，胚珠までのびる。

②③④ 胚珠の中には卵細胞があり，花粉管の中を移動してきた精細胞が卵細胞に達すると，卵細胞の核と精細胞の核が合体し，受精卵ができる。

⑤ 受精卵は細胞分裂をくり返し，細胞の数をふやして胚になる。

❹ ① 先端のほうで，細胞分裂がさかんに行われ，分裂した１つ１つの細胞が大きくなるため，先端部分でののび方が大きい。

② 先端部分では，細胞分裂がさかんに行われるため，細胞の大きさは小さい。一方，根もとの部分の細胞は，成長し終わっているため，細胞の大きさは大きい。

③ 成長点ⓑでさかんに細胞分裂が行われている。

④ 細胞は分裂を行ったあと，一時的に元の細胞より小さくなる。
その後，細胞１つ１つが大きくなり，体が成長する。

p.20-21 Step ❷

❶ ① **メンデル**

② **対立形質**

③ **丸**

④ **分離の法則**

⑤ ① Aa　② aa

⑥ ① **丸い種子**　② 2
③ **しわのある種子**　④ 1

⑦ 3 ： 1

❷ ① **形質**

② **遺伝**

③ ㋐ **減数分裂**　㋑ **体細胞分裂**

④ ㋐

⑤ **雌と雄の両方の遺伝子（染色体）を半分ずつ受けつぐから。**

❸ ① **染色体**

② **DNA**

考え方

❶ ①④「減数分裂のときに，対になっている遺伝子は分かれて別々の生殖細胞に入る」ことを分離の法則といい，メンデルにより発見された。

③ 子はすべて丸い種子になったことに注目する。

⑤ 行の左端と列のいちばん上のアルファベットを，大文字，小文字の順に並べる。

⑦ 表２でのAA＋Aaの数とaaの数との割合が，丸い種子としわのある種子の割合である。

❷ ③④ 体細胞分裂では，分裂が始まる前と後で，染色体の数は同じである。しかし，生殖細胞をつくるときの減数分裂では，染色体の数は半分になる。このような分裂を減数分裂という。

➎ 図の動物は有性生殖をする。この生殖では，雌と雄の生殖細胞が受精することで子ができる。このとき，雌と雄のそれぞれの染色体が半分ずつ受けつがれる。

❸ ➊ 細胞が分裂するとき，核の中にはひものようなものが見える。これが染色体である。遺伝子はこの染色体の中にある。

➋ 遺伝子の本体はデオキシリボ核酸という物質である。DNAとは，Deoxyribonucleic acidの略称である。

p.23 Step ❷

❶ ➊ **A 鳥類　B 哺乳（ホニュウ）類**
C は虫(ハチュウ)類　D 両生類　E 魚類

➋ ㋑

➌ **鳥類，は虫（ハチュウ）類**

❷ ➊ **C**

➋ **右の図**

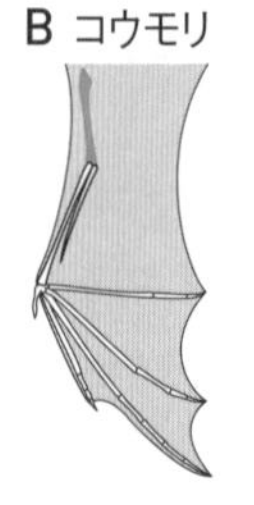
B コウモリ

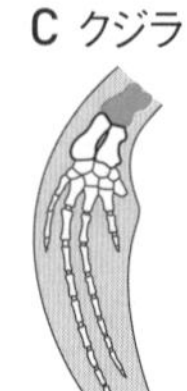
C クジラ

➌ **もとは同じ器官だったものがそれぞれ進化した。**

➍ **相同器官**

考え方

❶ ➊ 化石から，古生代の前半に魚類が，古生代の中ごろに両生類が，古生代の後半には虫類が，中生代のはじめに哺乳類が，中生代の中ごろに鳥類が現れたと考えられている。

➋ はじめに魚類が水中に現れ，次に，魚類のあるものから両生類が現れた。両生類は，子のときはえらで呼吸するので水中でしか生活できないが，おとなになると肺と皮膚で呼吸するので陸上で生活できるようになる。このように，肺で呼吸できるようになったことで，陸上に進出できるようになったのである。

❷ ➊ 図の左から，ヒト，コウモリ，クジラの前あしである。哺乳類のこの3種類の動物を比べてみると，ヒトの前あしは道具を使うためのうでと手，コウモリの前あしは空を飛ぶための翼，クジラの前あしは水中を泳ぐためのひれというように，生活様式にあわせて前あしのはたらきも異なっている。

➋ ➌ ➍ 前あしの骨格を比べてみると，基本的なつくりに共通点がみられる。このように，現在の形やはたらきは異なっていても，もとは同じ器官であったと考えられるものを，相同器官という。

p.24-25 Step ❸

❶ ➊ **Y**

➋ **細胞を１つ１つ離れやすくするため。**

➌ **F→D→E→B→C→A**

➍ **染色体**

➎ **等しい。**

➏ **① ふえ　② 大きく**

❷ ➊ **花粉管**

➋ **精細胞**

➌ **胚**

➍ **種子**

➎ **無性生殖（栄養生殖）**

❸ ➊

➋

➌ **丸**

➍ ①

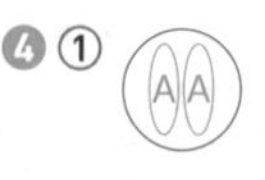

形**丸**

②

形**丸**

③

形**しわ**

（①，②，③ **順不同**）

➎ **AA，Aa**

➏ 約**7500個**

▶本文 p.24-25

考え方

❶ ① 成長点は，根の先端近くの，少し内側にあり，細胞分裂がさかんに行われている。

② 塩酸は，細胞壁どうしを結びつけている物質をとかし，細胞を１つ１つ離れやすくする。

③④ 細胞分裂が進む順序は，次のようになっている。核の中に染色体が見えるようになり，核の形が消える（D）→染色体が細胞の中央部分に集まる（E）→染色体が分かれて細胞の両端に移動する（B）→中央部分に仕切りができて，細胞質が分裂する（C）→新たに２つに分かれた細胞ができ，染色体は見えなくなる（A）。

⑤ 体細胞分裂では，核の中に染色体が見えるようになった時点で染色体はすでに複製され，数が２倍になっている。それが半分ずつに分かれて，両極に移動し，別々の新しい細胞になるので，染色体の数は，分裂前と分裂後で同数である。

❷ ①② 花粉が柱頭につくと，花粉から花粉管が胚珠に向かってのびる。花粉管が胚珠に達すると，花粉管の中を移動した精細胞の核が胚珠の中にある卵細胞の核と合体して受精卵となる。

③④ 受精卵は細胞分裂をくり返し，胚になる。胚珠は成長して種子に，子房は果実になる。

⑤ 植物の無性生殖には，栄養生殖がある。バラのさし木などがあてはまる。

❸ ① 精細胞や卵細胞などの生殖細胞がつくられるときには，減数分裂が行われ，染色体の数が半分になる。

② 受精によって，精細胞の遺伝子Ａと卵細胞の遺伝子ａは合体して，受精卵ではAaの遺伝子をもつ。このようにして，受精卵の染色体数は，体細胞の染色体数と同じになる。

③ Ａの遺伝子とａの遺伝子が対になっている場合，ａの遺伝子の形質（潜性形質）は現れず，Ａの遺伝子の形質（顕性形質）だけが現れる。

④③ でできた種子がもつ遺伝子の組み合わせはAaなので，分離の法則によって，生殖細胞に入る遺伝子はＡとａである。よって，精細胞の遺伝子Ａとａ，卵細胞の遺伝子Ａとａの組み合わせから，AA，Aa，aaの３種類になる。

また，遺伝子の組み合わせが，

・ＡとＡの場合，Ａの形質が現れる。→丸
・Ａとａの場合，ａの形質は現われず，Ａの形質が現れる。→丸
・ａとａの場合，ａの形質が現れる。→しわ

となる。

⑤④ より，丸の種子がもつ遺伝子は，Ａをふくむ。Aaの場合，顕性形質（丸）が現れて，潜性形質（しわ）は現れない。

⑥ このときできた種子の遺伝子の組み合わせは，AA，Aa，aaなので，丸の種子としわの種子の割合は，(丸：AA，Aa)：(しわ：aa)＝３：１である。よって，約10000個の種子の中で丸いと考えられる種子は，
10000÷（３＋１）×３＝7500　より，
約7500個である。

▶ 本文 p.27-28

地球と宇宙

p.27-28 Step ❷

❶ ❶ **気体**
　❷ **プロミネンス（紅炎）**
　❸ **コロナ**
　❹ **表面 ㋑　中心部 ㋓**
　❺ **周囲より温度が低いから。**
　❻ **太陽が球形であること。**
　❼ **恒星**
❷ ❶ **惑星**
　❷ **衛星**
　❸ **すい星**
　❹ **小惑星**
　❺ **太陽系**
❸ ❶ a **火星**　b **天王星**　c **海王星**
　❷ **月**
　❸ **木星**
　❹ **土星**
　❺ **水星**
❹ ❶ **恒星**
　❷ **光が 1 年間に進む距離**
　❸ ① **太陽**　② **銀河**

考え方

❶ ❶ 太陽はおもに水素やヘリウムのガス(気体)でできている。
　❷ 太陽の表面に見られるAの部分は，プロミネンス（紅炎）という炎のようなガスの動きである。
　❸ 月によって，太陽が全部かくされる皆既日食のときにはコロナが見られる。コロナの温度は100万 ℃以上で太陽の表面の温度より，はるかに高温である。
　❺ 太陽の表面の温度は約6000 ℃であるが，黒点の温度は約4000 ℃と，周囲よりも1500〜2000 ℃ほど温度が低いため，黒い斑点として見える。
　❻ 中心にあるときに円形に見えた黒点が，端に移動するほどつぶれただ円形に見えるのは，次の理由からである。
　黒点が移動する→太陽が自転している。
　端ではつぶれただ円形に見える→太陽が球形である。
　❼ 太陽や星座をつくる星は，みずから光りかがやく星で，恒星という。
❷ ❶ 太陽のまわりを公転している天体を惑星といい，太陽系には地球をふくめて 8 個の惑星がある。惑星は太陽の光を反射して光っている。
　❷ 惑星のまわりを公転している天体を衛星といい，月は地球のまわりを公転している衛星である。
　❸ すい星は，太陽に近づくと温度が上がってガス（気体）やちりを放出し，尾を引いて見えることがある。
　❹ 火星と木星の間にある小惑星の中には，いん石となって地球に落下してくるものもある。
　❺ 太陽と太陽のまわりを公転している❶〜❹の天体をまとめて太陽系という。
❸ ❶ 太陽系の惑星は，太陽に近い方から順に，水星→金星→地球→火星→木星→土星→天王星→海王星である。
　❷ 地球の衛星は月で，地球のまわりを公転している。
　❸ 太陽系の惑星でもっとも大きなものは，赤道半径が地球の11.21倍の木星である。
　❹ 土星の平均密度は0.69で，水より小さい。
　❺ 太陽に近い惑星ほど，公転周期は短い。
❹ ❸ ①等級は値が小さいほど明るく，1 等級小さくなると，見かけの明るさは約2.5倍になる。

p.30-32　Step ❷

❶ ❶ h
❷ d
❸ **南中高度**
❹ 6 時45分

❷ ❶ a
❷ 位置D　昼の長さⓐ　運動のようすY

❸ ❶ **北極星**
❷ **(北極星が) 地軸の延長線上にあるから。**
❸ **21時50分**
❹ ① **地軸**　② 1　③ **西**　④ **東**　⑤ **自転**

❹ ❶ **西**
❷ 約180°
❸ 1か月で約30°　1日で約1°
❹ **公転**
❺ 4時ごろ
❻ 20時ごろ

❺ ①㋒　②㋓　③㋑

❻ ❶ **黄道**
❷ ①㋒　②ⓐ西　ⓑ東　③C
④㋐　⑤㋓
❸ 約3か月

考え方

❶ ❶ 透明半球を使った観測では，観測者は透明半球の中心から観測していることとして記録される。
❷ 太陽の高度が最大になるeの方位が南で，透明半球の中心hから南を向いて左のdが東となる。
❸ ∠bheは，太陽が真南にあるときの高度を表す。
❹ 1時間で3.0 cmなので，6.75 cmは

$\frac{6.75}{3.0}$ = 2.25時間　0.25×60分 = 15分

より，9時の2時間15分前が日の出の時刻である。

❷ ❶ 北極のほうから見て，反時計回りに公転している。
❷ Aの位置に地球があるとき，地軸の北極側が太陽の方向に傾いているため，南中高度が高くなる。図1のAは夏至である。したがって，Aより3か月前のDの位置が，春分の日である。図2では，昼間の長さがもっとも長いⓑが夏至であるため，春分の日は，ⓑの3か月前のⓐであり，図3では，真東から太陽がのぼって真西に沈むYになる。
なお，南中高度が高くなると，下の図のように，1 m^{2}に当たる光の量が多くなるため，多くの太陽エネルギーを受ける，つまり，気温が高くなる。

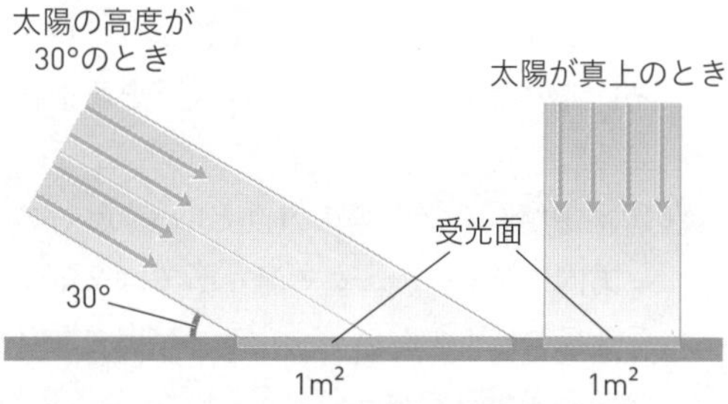

1m^{2}に当たる光の量は太陽が真上のときの半分になる。

❸ 太陽や星の日周運動は，地球の自転による見かけの動きである。北の空の星は，北極星を中心に1時間に15°，反時計回りに動く。
❶❷ 北極星は，ほぼ地球の地軸の北側の延長線上に位置する。そのため，地球が自転してもほとんど動かない。
❸ 図のカシオペヤ座はB→Aへと動いている。1時間で15°動くので（5°動くのに20分かかる）20°動くには1時間20分を要する。

❹ 同じ場所で同じ時刻に観測すると，少しずつ星座が東から西に動いて見える。これは地球が公転しているからである。公転周期は1年だから，1か月に30°の動きになる。
❷ 9月～3月までは180°動いている。
❸❹ 地球の公転のために，1年で360°，1か月で30°，1日で1°動いて見える。

⑤ 10月15日には真南より60°東にあるので，真南にくるまで４時間かかる。（１時間で15°の日周運動をするから。）
０時＋４時間＝４時

⑥ 12月15日の０時に真南にある。Ｂの位置は60°東だから４時間前ということになる。
０時－４時間＝20時

❺ 秋分の日の太陽は，㋐の東京では，真東からのぼり，南の空を移動して，真西に沈む。㋑のオーストラリアでは，真東からのぼり，北の空を移動して，真西に沈む。㋒の赤道では，真東からのぼり，天頂（てんちょう）を通って，真西に沈む。㋓の北極では，地平線（水平線）上を移動する。

❻ ① 地球から見た太陽は，星座の星を基準にすると，地球が公転することによって，星空の中をゆっくりと移動していくように見える。この星座の中の太陽の通り道を黄道（こうどう）という。

② ①太陽は，ふたご座の方向と180°反対の方向にあるので，いて座があてはまる。
②北極のほうを向いて，右手ⓑが東であり，左手ⓐが西である。
③北極のほうから見て地球は反時計回りに自転している。日なたから日かげに入る所のＣが夕方である。
④Ｃに北極のほうを向いて人を立たせたとき，ⓑ（右手）の方向にあるのは，ふたご座である。
⑤Ｄに北極のほうを向いて人を立たせたとき，ⓐ（左手）の方向にあるのは，うお座である。

③ 地球の公転のために，太陽は１年かけて12の星座の間を動いて見える。これは，この12の星座の位置を基準にして，太陽の１か月ごとの位置を表せるということである（この12の星座を黄道12星座という）。よって，太陽はＰ～Ｑまで，星座の間を３つ分移動したので，３か月かかったことになる。

p.34-35　Step 2

❶ ① 新月Ｇ　満月Ｃ
② ①Ｂ　②Ｆ　③Ｈ　④Ｄ
③ Ａ

❷ ① a
② 月食Ｃ　日食Ａ
③ ㋑，㋒

❸ ① ⓐ
② ア
③ ㋕，㋖，㋗
④ イ
⑤ Ｇ
⑥ イ
⑦ **地球よりも太陽の近くを公転しているため（地球の内側を公転しているため）。**

考え方

❶ ① 新月（しんげつ）は，地球から見て太陽と同じ側のＧに位置するときで，このときは，太陽の光を反射（はんしゃ）している面が地球から見えないため，月を見ることができない。また，満月（まんげつ）は，地球をはさんで，太陽と反対側のＣに位置するときで，このときは，太陽のほうに向けている月の表面すべてで太陽の光を反射して，丸く見える。

② ①の月は，上弦（じょうげん）の月と満月の間の月。②の月は，下弦（かげん）の月と新月の間の月。③の月は，新月と上弦の月の間の月。④の月は，満月と下弦の月の間の月。

③ 地球上の日没の位置では，太陽の光がさす方位が西，その正反対の方位が東である。

❷ ① 月が地球のまわりを回る向きは地球の公転の向きと同じ向きで，北極側上空から見て，反時計回りである。

② 月食（げっしょく）は，太陽－地球－月の順に一直線に並（なら）んだときで，月が地球の影に入ると起こる。日食（にっしょく）は，太陽－月－地球の順に一直線上に並んだときで，太陽が月にさえぎられると起こる。つまり，月食は満月のときに起こり，日食は新月のときに起こる。

❸ 太陽と月の見かけの大きさがほとんど同じであることは，太陽全体が月によってほぼ完全に見えなくなる皆既日食や金環日食が起こることからわかる。地球から月までの距離は，地球から太陽までの距離の約400分の１である。また，月の大きさは太陽の大きさの約400分の１である。

❸ ❶ 地球の公転の向きと，金星の公転の向きは同じである。

❷ ❸ 図の㋐，㋔の位置に金星があるときは，太陽と重なって見えない。㋕，㋖，㋗が明け方に東の空に見える（明けの明星）。

❹ 図の㋑，㋒，㋓の位置に金星があるときは，夕方に西の空に見える（よいの明星）。

❺ 金星が㋓の位置にあるときは，太陽との位置関係より，右側が光って見える。また，光っている部分は，地球からはあまり見えないので，Gのように細く見える。

❻ 地球に近いほど大きく見える。

p.36-37 Step ❸

❶ ❶ およそ**6000 ℃**

❷ 名称 **黒点**　温度 およそ**4000 ℃**

❸ **太陽が自転しているから。**

❹ **プロミネンス（紅炎）**

❷ ❶ **B 南　C 東**

❷ **P 夏至　R 冬至**

❸ **南中高度**

❹ ㋑

❺ ㋓

❸ ❶ **地球よりも太陽の近くを公転しているから(地球の内側を公転しているから)。**

❷ **イ**

❸ ⓓ

❹ ㋐

❹ ❶ C→B→A→D

❷ A ㋒　B ㋐　C ㋗　D ㋔

❸ ㋖

❹ ㋒

考え方

❶ ❷ 黒点の温度は約4000 ℃で，まわりの温度の約6000 ℃より低いため黒く見える。

❸ 黒点を観察すると，太陽が自転していることや，球形であることがわかる。

❷ ❶ 日本では，太陽は東の空からのぼり，南の空を通って，西の空へと移動する。よって，Bが南，Cが東，Dが北，Eが西である。

❷ 春分と秋分は，太陽は真東からのぼり，真西に沈む。夏至の日の出，日の入りは，それぞれ真東，真西よりも北よりになり，冬至では南よりになる。

❹ 地軸の北極側が太陽の方向に傾いているのが夏である。よって，㋑夏㋒秋㋓冬㋐春となる。

❸ ❶ 金星は地球の内側を公転しているので，いつも太陽とほぼ同じ方向にある。そのため，真夜中には見ることができない。

❷ ❸ 図１で，よいの明星は，太陽と地球を結ぶ直線よりも金星が左側にあるときである。よいの明星は，夕方の西の空に見える。エやオは，明け方の東の空に見える明けの明星である。

❹ 太陽に照らされて，右側が細くかがやいて見える。

❹ ❶ 月は，北極側から見て，地球のまわりを反時計回りに回って，新月→三日月→上弦の月→満月→下弦の月→三日月と逆向きの月→新月の順に満ち欠けして見える。

❷ 図２で，地球から月を見たときに，月のどの部分が光って見えるかを考えればよい。たとえば，㋒は，月の光っているほうだけが地球に向いているから満月である。

❸ 新月のとき，地球－月－太陽の順に，ほぼ一直線上に並ぶ位置関係にある。

❹ 月食は，月－地球－太陽の順に一直線上に並んだときで，月が地球の影に入ると起こる。

運動とエネルギー

p.39-41 Step 2

❶ ❶ b
❷ b と e
❸ d

❷ ❶ ㊀
❷ **深さとは関係がない。**
❸ 0.40 N

❸ ❶ 右図
❷ ① 2 N
② 4 N
③ 6 N
④ 7 N
⑤ 4 N
⑥ 4 N

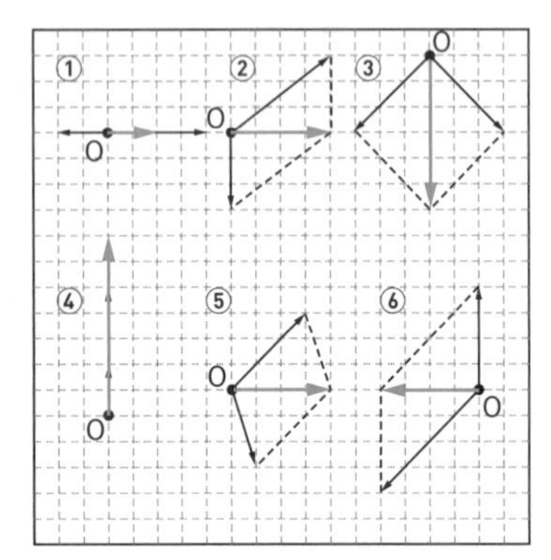

❹ ❶ 右図
❷ 4 N

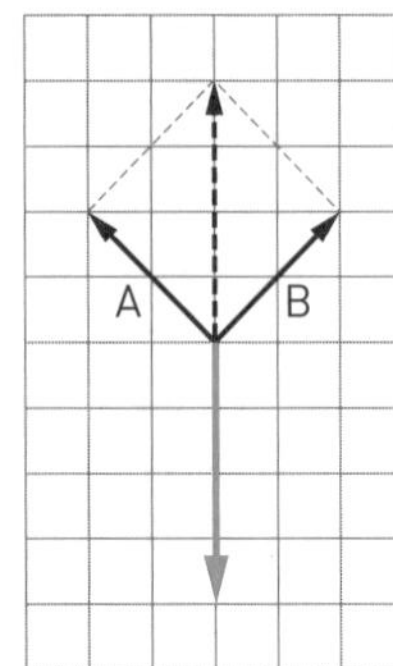

❺ 下図

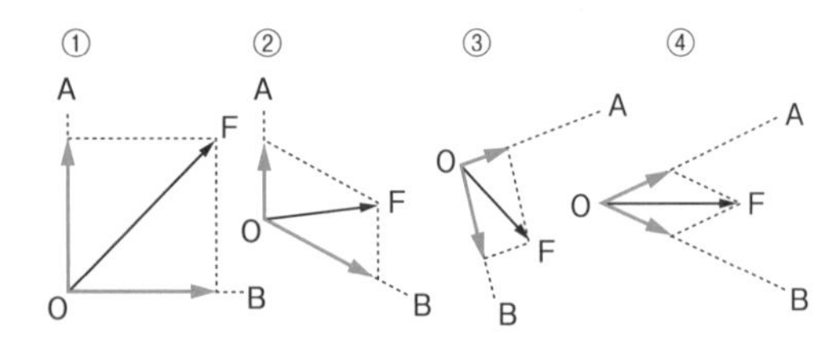

考え方

❶ ❶ ゴム膜は，水に押されてへこむ。このとき，水面からの深さが深いほど水圧は大きくなるので，下のゴム膜の方が大きくへこんでいる。
❷ 向きは関係なく，同じ深さのものを選ぶ。
❸ もっとも深いところにあるものを選ぶ。

❷ ❶ 水圧は，あらゆる方向からはたらき，水面からの深さが深いほど大きくなる。
❷ 表から，浅いときと深いときで，ばねばかりが示す値は同じである。つまり，水面からの深さと浮力(ふりょく)は関係がない。
❸ おもりが空気中にあるときのあるときのばねばかりが示す値から，水中にあるときのばねばかりが示す値を引いた値が，浮力の大きさである。
0.57N−0.17N＝0.40N

❸ ① 2 力は反対向きで一直線上にある。このときの合力の大きさは 2 力の大きさの差であり，合力の向きは大きいほうの力と同じ向きになる。
②③⑤⑥与(あた)えられた 2 力を 2 辺とする平行四辺形をかき，その平行四辺形の対角線をかく。
④ 2 力は同じ向きで一直線上にある。このときの合力の大きさは 2 力の大きさの和であり，合力の向きは 2 力の向きと同じ向きになる。

❹ ❶ まず，A と B の合力をかき，その合力とつり合う力（合力と反対向きで，同じ大きさの力）をかく。
❷ 1 目盛りが1 Nなので，図より4 Nになる。

❺ Fを対角線とし，A の方向と B の方向を 2 辺とする平行四辺形をかくと，その 2 辺がFの分力となる。

p.43-44 Step 2

❶ ❶ 速さ〔m/s〕＝$\dfrac{\text{移動距離〔m〕}}{\text{移動にかかった時間〔s〕}}$
❷ ① 60 km/h ② 25 m/s ③ B
❸ 3 時間12分
❹ 320 km

❷ ❶ ㋔
❷ ㋑
❸ ㋒
❹ ㋐
❺ ㊀

❸ ❶ ㋑

❷ ㋑

❸ **大きくなる。**

❹ ❶ **0.05 $\left(\frac{1}{20}\right)$ 秒間**

❷ **120 cm/s**

❸ **等速直線運動**

❹ **慣性**

考え方

❶ ❷ ① $\frac{240\ \text{km}}{4\ \text{h}} = 60\ \text{km/h}$

② $(140 \times 60)\ \text{s} = 8400\ \text{s}$だから,

$\frac{210000\ \text{m}}{8400\ \text{s}} = 25\ \text{m/s}$

③ Aの速さをm/sの単位で表すと,

$\frac{240000\ \text{m}}{14400\ \text{s}} = 1.66\cdots\ \text{m/s}$

よって, Bのほうが速い。

❸ 時間 = $\frac{距離}{速さ}$より,

$\frac{192\ \text{km}}{60\ \text{km/h}} = 3.2\ \text{h}$

0.2時間は, (0.2×60) 分 = 12分

❹ 40分 = $\frac{2}{3}$ hだから,

距離 = 速さ × 時間より,

$120\ \text{km/h} \times \frac{8}{3}\ \text{h} = 320\ \text{km}$

❷ 図の記録テープでは, 打点は左から右へと進んでいる。打点する時間間隔(かんかく)は同じだから, その間隔が広いほど速さは大きい。

❶ 打点間隔がしだいに小さくなっていくテープ。㊁とまちがいやすいので注意。㊁ははじめ等間隔(とうかんかく)である。

❷ 平均の打点間隔がもっとも広いテープ。

❸ 打点間隔がすべて同じテープ。

❹ 打点間隔がだんだん広くなっていって, 最後は同じ間隔になっているテープ。

❺ 最初は打点間隔が同じで, 最後はだんだん小さくなっていくテープ。

❸ ❶❷ 力学台車は, おもりにはたらく重力と同じ大きさで, 糸に引かれて運動する。台車には, 一定の力がはたらいているため, 速さは一定の割合で大きくなる。

❸ おもりが重いと, おもりにはたらく重力も大きくなるので, 台車にはたらく力も大きくなる。

❹ ❶ 打点間隔が変化しているところは, 力がはたらいている。A～Dの3打点間だから,

$\frac{1}{60}\ \text{s} \times 3 = 0.05\ \text{s}$

❷ 速さ = $\frac{距離}{時間}$ = 距離÷時間だから,

$2.0\ \text{cm} \div \frac{1}{60}\ \text{s} = 120\ \text{cm/s}$

p.46-47 Step ❷

❶ ❶ **2.4 cm**

❷ ① **24**

② **72**

③ **120**

④ **168**

❸ **右図**

❹ ㋐

〔cm/s〕 200 速さ 100 0 0 0.1 0.2 0.3 0.4 0.5 時間 〔s〕

❷ ❶ **5 N**

❷ ㋒

❸ **台車に斜面下向きの力（重力の斜面に平行な分力）がはたらくから。**

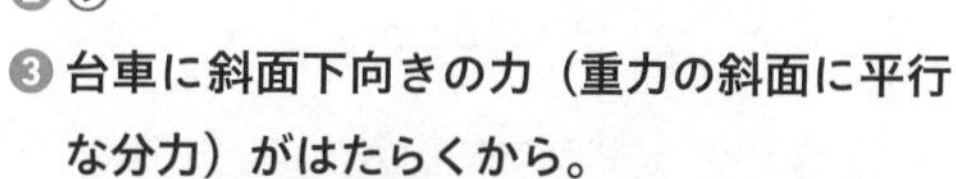

❹ **台車に斜面下向きの力（重力の斜面に平行な分力）がはたらき続けているから。**

❺ **傾きが大きいほど, 斜面下向きの力（重力の斜面に平行な分力）が大きいから。**

❸ ❶ ① **同じ（等しい）** ② **逆（反対）**

③ **反作用**

❷ 記号 **a**

その後の運動 **a の向きに進む。**

❸ **たがいに近づく。**

▶ 本文 p.46-50

考え方

❶ 斜面(しゃめん)上の台車には，重力がはたらいている。この重力の斜面に平行な分力が台車にはたらき続けるので，台車の速さはしだいに大きくなっていく。

① 1秒間に60回打点する記録タイマーが1回打点するのに要する時間は$\frac{1}{60}$秒である。よって，6打点する時間は，

$\frac{1}{60}$ s × 6 = 0.1 s。

つまり，台車が斜面を下りはじめてから0.1秒間に動いた距離(きょり)は，切りとった1つめの記録テープの長さに等しく，2.4 cmである。

② 速さ = $\frac{距離}{時間}$であり，台車の移動距離は6打点分の長さに等しい。時間はすべて0.1秒だから，

① $\frac{2.4\,\text{cm}}{0.1\,\text{s}} = 24\,\text{cm/s}$

② $\frac{7.2\,\text{cm}}{0.1\,\text{s}} = 72\,\text{cm/s}$

③ $\frac{12.0\,\text{cm}}{0.1\,\text{s}} = 120\,\text{cm/s}$

④ $\frac{16.8\,\text{cm}}{0.1\,\text{s}} = 168\,\text{cm/s}$

③ ②の値をグラフに記入する。時間0では速さも0になることに注意する。

④ 斜面の傾(かたむ)きが大きくなると，重力の斜面に平行な分力が大きくなる。したがって，斜面を下る台車の速さのふえ方は大きくなるから，グラフの傾(かたむ)きは大きくなる。

❷ ① 斜面の角度が同じなら，斜面下向きの力の大きさは，斜面上のどこでも変わらない。

② 斜面の角度が90°のとき，斜面下向きの力は最大で10 Nである。斜面の角度45°のときは7 Nであるから，その間の力の大きさになる。

③ 斜面上に置いた台車には，重力の斜面に平行な分力と，斜面に垂直(すいちょく)な分力がはたらく。このうち，斜面に平行な分力が斜面下向きにはたらくので，台車は斜面にそって下向きに運動する。

④ 斜面下向きに，重力の分力がはたらき続けているので，台車はしだいに速くなる。

⑤ 斜面下向きの重力の分力が大きくなる。

❸ ① Aさんは，壁(かべ)を押(お)した力と同じ大きさで，反対向きの力を受ける。図1では壁に押し返されて，図の右向きに進み出す。

② 砲丸(ほうがん)がbの向きに進むので，その反対向きに力がはたらき，aの向きに進む。

③ 綱(つな)で引き合うと，どちらも相手に引かれる力がはたらくので，近づいていく。

p.49-50 Step ❷

❶ ① 50 J

② 5 N

③ 0 J

❷ ① 2 J

② 20000 J

③ 0 J

❸ ① 下図

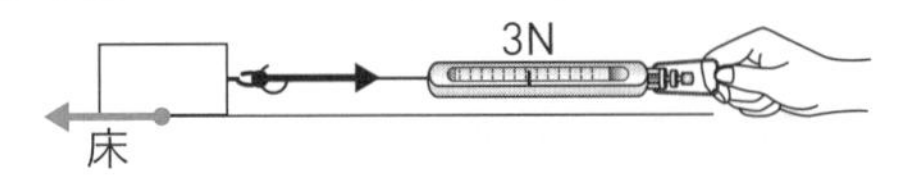

② 0.9 J

❹ ① 図1：3 N　図2：1.5 N

② 図1：0.3 m　図2：0.6 m

③ 図1：0.9 J　図2：0.9 J

④ （動滑車を使っても使わなくても）仕事の量はどちらも同じである。

⑤ 仕事の原理

❺ ① 300 J

② 5 m

❻ ① 600 J

② 4 m

③ 150 N

④ 60 W

▶ 本文 p.49-53

考え方

❶ ① 5 N×10 m＝50 J

② 一定の速さで動かしたので，加えた力は摩擦力と同じ大きさである。

③ 力を加えても物体が動かなければ，仕事の量は0 Jである。

❷ ① 重力と同じ大きさの力で持ち上げればよいから，

2 N×1 m＝2 J

② 2000 N×10 m＝20000 J

③ バーベルは動いていないので，仕事をしたことにならない。

❸ ① 摩擦力は，物体が接する面ではたらく。一定の速さで引く場合，物体を引く力と摩擦力はつり合っている。よって，物体と床が接する面を作用点とし，物体を引く力と反対向きに同じ大きさ（長さ）の矢印をかく。

② 3 N×0.3 m＝0.9 J

❹ ① 図2のように動滑車を使うと，物体を引き上げる力は，図1の場合の半分ですむ。

③ 図1…3 N×0.3 m＝0.9 J

図2…1.5 N×0.6 m＝0.9 J

❺ ① 物体にはたらく重力の大きさは100 Nなので，

100 N×3 m＝300 J

② 仕事の原理より，斜面CDを使っても仕事の量は❶と同じ300 Jなので，斜面CDの長さは，

300 J÷60 N＝5 m

❻ ① 300 N×2 m＝600 J

②③ 動滑車を使うと，ひもを引く力の大きさは半分になるが，ひもを引く距離は2倍になる。

④ $\frac{600\ \mathrm{J}}{10\ \mathrm{s}}$＝60 W

p.52-53 **Step 2**

❶ ① B

② C

③ **位置エネルギー**

❷ ① **小球の速さが速いほど，くいの移動距離が大きい。**

② **小球の質量が大きいほど，くいの移動距離が大きい。**

③ **運動エネルギー**

❸ ① A，E

② C～E

③ C

④ E

⑤ **力学的エネルギー**

❹ ① C

② **力学的エネルギーは保存されるから。**

③ **力学的エネルギー保存の法則（力学的エネルギーの保存）**

考え方

❶ 位置エネルギーの大きさは，基準面からの高さが高いほど，物体の質量が大きいほど，大きい。

① AとBのちがいは，おもりの高さである。

② BとCのちがいは，おもりの質量である。

❷ 運動エネルギーの大きさは，物体の速さが大きいほど，物体の質量が大きいほど，大きい。

① 図2のグラフで，質量28.2 gの小球の，速さとくいの移動距離の関係を比べると，小球の速さが大きいほど，くいの移動距離が大きくなっていることがわかる。

② 図2のグラフで，小球の速さが同じときの，小球の質量とくいの移動距離の関係を比べると，小球の質量が大きいほど，くいの移動距離が大きくなっていることがわかる。

❸ ① 振り子は，振れ幅の両端の高さが最も高くなるが，ここではおもりの速さが0になるので，位置エネルギーは最大だが，運動エネルギーは0になる。

② A→Cでは，おもりの高さが低くなっていくので位置エネルギーは減少する一方，おもりの速さが大きくなるので，運動エネルギーは増加する。C→Eでは，おもりの高さは高くなっていくので位置エネルギーは増加する一方，おもりの速さは小さくなるので，運動エネルギーは減少する。

③ おもりが最下点のCにきたとき，おもりの速さが最も大きくなるので，運動エネルギーは最大になる。

④ AとEでは，速さが0になるので，運動エネルギーは0となる。

❹ ①② 力学的エネルギーは保存されるので，Aと同じ高さまで上がる。

p.55-57 Step 2

❶ ① **熱エネルギー**

② **光エネルギー**

③ **化学エネルギー**

④ **位置エネルギー**

⑤ **弾性エネルギー**

❷ ① **電気エネルギー**

② **位置エネルギー**

③ **(ハンドルの運動エネルギーのほかに) 熱や音などのエネルギーに変換されたから。**

❸ ① ㊂

② **光合成**

③ ㋐

④ ㋒

⑤ **エネルギー保存の法則 (エネルギーの保存)**

❹ ① ① **小さい**　② **高い**

② **熱エネルギー**

❺ ① ⓐ **熱伝導(伝導)**　ⓑ **対流**　ⓒ **熱放射(放射)**

② ⓐ㋑　ⓑ㋒　ⓒ㋐

考え方

❶ ① 蒸気機関車などに利用。石炭などを燃やして発生する熱を利用して水を沸騰させ，水蒸気の圧力でピストンを動かして走る。

③ 都市ガスにはメタンなどがふくまれ，これらの物質がもつ化学エネルギーが熱エネルギーに変わる。

④ 水の位置エネルギーが発電機によって電気エネルギーに変わる。

⑤ ばねなどは力を加えると変形するが，もとにもどるとき物体を動かす。変形した物体がもとにもどろうとして生じる力を弾性力（弾性の力）といい，変形した物体がもつエネルギーを弾性エネルギーという。

❷ ① 手回し発電機によって電気エネルギーが生じ，モーターに電流が流れて回転する。

② モーターが回転し，おもりが高い位置に持ち上げられる。

③ エネルギ－が変換されるとき，熱や音，振動などにも変換されてしまう。その分だけ，Aの回転数よりBの回転数のほうが少なくなる。

❸ ①② 日光（光エネルギー）が植物の光合成に用いられている。

③ ダムは水を高い位置にたくわえるはたらきがある。

④ 扇風機は運動，電灯は光，テレビは光と音に変えている。

❹ ① LED電球は，少ない消費電力で明るくなる。このような器具は，エネルギーの変換効率が高い。

② 電気抵抗によって，一部のエネルギーが熱に変換される。

❺ 熱の伝わり方には，熱伝導（伝導），対流，熱放射（放射）の3つがある。

▶ 本文 p.58-62

p.58-59 Step ❸

❶

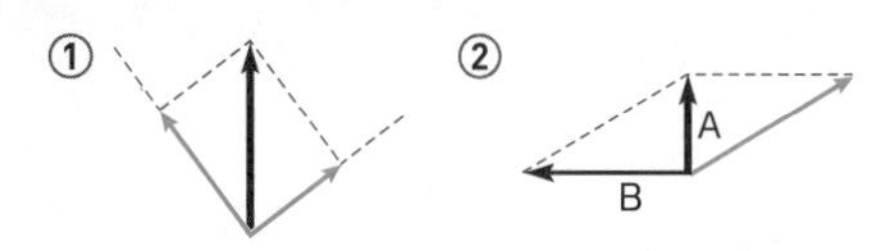

❷ ❶ j ～m

❷ 60 cm/s

❸ ㋑

❹ **比例（関係）**

❺ ㋘

❻ **いえない。**

❸ ❶ **減る。**

❷ A

❸ C

❹ ❶ 30 J

❷ 0.6 m

❸ 6 W

考え方

❶ ① 示された力を対角線として，与(あた)えられた 2 方向を 2 辺とする平行四辺形を作図する。

② 矢印 A を対角線，B を 1 辺として，平行四辺形を作図する。

❷ ❶ 切った記録テープは一定時間ごとの台車の移動距離(きょり)，つまり速さを表している。j ～m の記録テープは長さに変化がなく，この区間は速さが一定である。

❷ 水平面では速さが一定になり，図 2 より 6 打点で6 cm進む。記録タイマーは 1 秒間に60回打点するので，6 回打点する時間は，

$\frac{1}{60}$ s× 6 ＝0.1 s

よって，台車の速さは，

$\frac{6\,\text{cm}}{0.1\,\text{s}}$ ＝60 cm/s

❸ 速さと時間のグラフは，図 2 と同じ形になる。つまり，記録テープの a ～ i の部分は，速さが一定の割合で増加し，j ～m の部分は，速さが一定の運動（等速直線運動）である。

❹ 速さが一定の運動（等速直線運動）になるから，進む距離は時間に比例する。

❺ 記録テープの a ～ i の部分では，速さがふえているので，進む距離と時間のグラフは直線にならず，曲線になる。j ～m の部分では速さが一定なので，グラフは直線になる。

❻ 水平面では等速直線運動をしているので，進行方向には力がはたらいていない。

❸ ❶ 点 A と点 B の高さの差の分だけ，位置エネルギーが減少する。

❷ もっとも高い場所にあるとき，位置エネルギーがもっとも大きくなる。

❸ 力学的エネルギーが保存されるから，運動エネルギーがもっとも大きい点は，位置エネルギーがもっとも小さい点になる。すなわち，高さがもっとも低い点になる。

❹ ❶ 10 kgの石にはたらく重力の大きさは100 N だから，求める仕事は，

100 N×0.3 m＝30 J

❷ てこの両端(りょうたん)で仕事の量は同じである。てこを押(お)し下げる距離を x〔m〕とすると，

50 N×x ＝30 J より，x＝0.6 m

❸ $\frac{30\,\text{J}}{5\,\text{s}}$ ＝6 W

自然と人間

p.61-62 Step ❷

❶ ❶ **食物連鎖**

❷ **大形の魚**

❷ ❶ **生産者**

❷ **消費者**

❸ **右図**

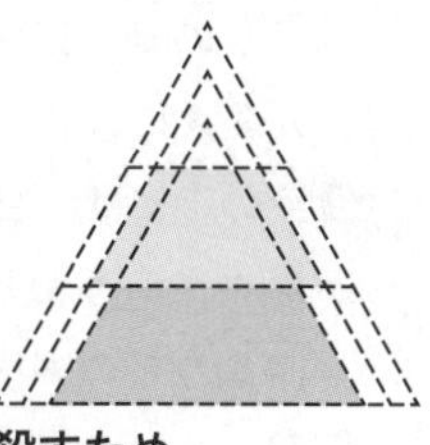

❸ ❶ **土の中にいた微生物を殺すため。**

❷ A

❸ **菌類，細菌類**

❹ **分解者**

❺ **二酸化炭素，水**

▶ 本文 p.61-64

❹ ❶ ㋐ 二酸化炭素　㋑ 酸素
❷ 光合成
❸ 炭素

考え方

❶ 光合成を行う植物などを出発点として食物連鎖が成り立っている。水中にただよって生活している生物をプランクトンといい，植物プランクトンは光合成を行う。

❷ ❶ 植物などは，光合成によって，無機物（二酸化炭素と水）から有機物（デンプンなど）をつくり出すことができる。

❷ 生産者以外の生物は，ほかの生物を食べることで，有機物を得ている。

❸ 草食動物が減ると，草食動物が食べていた植物がふえ，草食動物をえさにしていた肉食動物が減る（B）。この後，肉食動物に食べられる数が減ったために草食動物がふえ，草食動物が食べる植物が減ると考えられる。

❸ ❶ 土に水を入れたものの上澄み液には，土の中にいた微生物がふくまれていると考えられる。加熱すると，その中の微生物のほとんどが死滅するため，対照実験ができる。

❷ ヨウ素（溶）液は，デンプンがあると青紫色に変化する。もし，微生物のはたらきによってデンプンが分解されたなら，ヨウ素（溶）液の反応はない。答えるのは，ヨウ素（溶）液を加えたときに色が変化するほうなので，デンプンが分解されていないAが答えになる。

❸ 土の中には，目に見えないほど非常に小さいキノコやカビなどの菌類，乳酸菌や大腸菌などの細菌類がいる。

❹❺ このような微生物は，生物の遺骸や排出物の有機物を，呼吸によって水や二酸化炭素などの無機物に分解し，そのときにとり出されるエネルギーを利用して生きている。したがって，分解者は消費者でもある。なお，微生物のほか，シデムシやミミズ，ヤスデなどの小動物も分解者である。

❹ 二酸化炭素をとりこむ向きの矢印が光合成で，放出する向きの矢印が呼吸を表す。炭素は有機物や二酸化炭素として生物の体と外界との間を循環している。

p.64　Step ❷

❶　①㋔，㋓，㋑　②㋐，㋑
③㋕，㋓，㋑

❷ ❶ 太陽光発電
❷ 地熱発電
❸ 風力発電
❹ 長所発電時に化石燃料を使わないので，二酸化炭素や汚染物質を排出しない。
短所風により，発電量が大きく変化する。（騒音や振動が発生する。設置場所が限られる。）
❺ ① 二酸化炭素
② バイオマス（生物資源）

考え方

❶ 発電では，いろいろなエネルギー資源を変換することによって，電気をとり出している。

❷ ❶ 太陽光発電は光エネルギーを直接電気エネルギーに変換する。

❷ 地熱発電は，マグマの熱によって発生した水蒸気をとり出し，タービンを回して発電する。

❸ 風力発電は，風の力で風車を回し，発電機を回転させる。

❹ 自然の力を利用する発電は，天候などによって発電量が左右される，設置場所が限られるという短所があるが，二酸化炭素の量がふえない，汚染物質を出さないなどの利点もある。

❺ バイオマスは，木片や落ち葉といった生物資源のことである。植物は，光合成のときに二酸化炭素を吸収しているので，燃やして二酸化炭素を排出しても，全体として二酸化炭素の量はふえない（カーボンニュートラル）と考えられている。

p.66 **Step 2**

❶ ❶ ① **石油** ② **加工** ③ **電気**
④ **ポリエチレン**
⑤ **ポリエチレンテレフタラート**
⑥ **浮く** ⑦ **沈む**
❷ **二酸化炭素**
❸ **有機物**
❹ ㋑
❷ ❶ **AI**
❷ **インターネット**

考え方

❶ プラスチックは，高分子化合物（非常に大きな分子からなる物質）とよばれる物質である。自然界の菌類（きんるい）や細菌類（さいきんるい）には分解されにくく，腐（くさ）らず長持ちする，電気を通さない，水をはじいてぬれない，熱するととけて燃えるなどの性質がある。

❶ プラスチックは軽くて加工しやすいことから，いろいろな容器などが作られてる。腐らないため長持ちし，電気を通さないので，絶縁体（ぜつえんたい）（不導体（ふどうたい））にも使用される。水への浮（う）き沈（しず）みが異なるのは，プラスチックは種類によって密度がちがうからである。

❷❸ 石油などを原料とし，炭素原子と水素原子からできている高分子化合物であるので，火をつけると燃える。燃えて二酸化炭素を出す（炭素をふくむ）物質は有機物である。

❹ 細かくなったプラスチック（マイクロプラスチック）が，生物の体内に蓄積（ちくせき）されたり，魚や海洋生物がえさとまちがえて飲みこんでしまったりと，さまざまな問題が出ている。

❷ ❶ artificial intelligenceの略称（りゃくしょう）である。

❷ インターネットだけでなく，通信機器の発達もある。

p.68-69 **Step 2**

❶ ❶ ㋓
❷ ㋑
❷ ❶ **資源**
❷ **将来**
❸ **現在**
❸ ❶ ① A ② C ③ B
④ E ⑤ F ⑥ D
❷ ① E ② A ③ C
④ B ⑤ D ⑥ F

考え方

❶ ❶ 交通量が多いところのカイヅカイブキの枝のよごれが多いことから，自動車の排出（はいしゅつ）ガスが原因だと考えられる。

❷ これらの生物を指標生物という。見つかった指標生物のうち，数が多かった上位から2種類を2点とし，それ以外の生物は1点として水質を調査する。表では，カワニナ類とヤマトシジミが多いので，ややきれいな水だと思われる。

❷ 持続可能な社会を考える上では，今のわたしたちと将来の世代，ほかの地域の人々，ほかの生物の生命とが公平であるかがポイントである。

❸ それぞれの環境（かんきょう）問題に対して，その原因，そして将来への影響を理解しておく。

A　フロンの放出→オゾン層の破壊（はかい）→紫外線（しがいせん）が増加し，人間の健康に悪い影響をもたらす。

B　窒素（ちっそ）酸化物，硫黄（いおう）酸化物などの放出→酸性雨→森林が枯（か）れ，生物のすめない土壌（どじょう）になる。

C　窒素化合物をふくむ生活排水や農業排水（はいすい）→赤潮（あかしお）→水中の酸素が不足し，魚が死ぬ。

D　耕地の拡大→熱帯雨林の消失→温暖化を進め，生物のつり合いを破壊する。

E　二酸化炭素の増加→地球温暖化で氷がとける→低地が水没（すいぼつ）する。

▶ 本文 p.70-71

p.70-71 Step 3

❶ ① **食物連鎖**
② **少なくなる。**
③ ① **えさ** ② **一定** ③ **人間** ④ **時間**
④ ㋐

❷ ① **上澄み液の中の微生物を殺すため。**
② **外から微生物が入らないようにするため。**
③ B

❸ ① b，d
② **分解者**

❹ ① **地球温暖化**
② **二酸化炭素**
③ 化石燃料 **人口増加にともない，化石燃料を多く燃やすようになったため。**
森林 **森林が減って二酸化炭素の吸収量が減ったため。**
④ ㋑

考え方

❶ ④ 草食動物ⓑが減ると，それをえさにしていた小形の肉食動物ⓒもえさ不足で減る。一方，草食動物ⓑに食べられていた植物ⓐは，あまり食べられなくなるのでふえる。

❷ ① 加熱すると，上澄み(うわず)液の中の微生物(びせいぶつ)が死ぬ。
② 実験の途中(とちゅう)で，外から微生物が入り込むと，正確な結果が得られない。
③ ヨウ素（溶(よう)）液(えき)が青紫(あおむらさき)色になるのは，そこにデンプンが残っているからである。デンプンが微生物によって分解されているビーカーAでは，ヨウ素（溶）液は反応しない。

❸ ① aは植物が光合成によってつくったデンプンなどの有機物の移動を表し，cは生物の遺骸(いがい)や排出物(はいしゅつぶつ)などの有機物を表している。
② 土の中の小動物や菌類(きんるい)・細菌類(さいきんるい)があてはまる。

❹ ②③ 人口がふえ，産業や発電のために化石燃料が燃やされて，大気中の二酸化炭素がふえる。同時に，住むところや耕地をふやしたり，建築や燃料をふやすために森林が伐採(ばっさい)され，そのために光合成の量が減り，二酸化炭素の吸収量も減る。
④ 石炭も天然素材も，有機物を燃やすと二酸化炭素を排出する点では変わらない。化石燃料をやめ，太陽光やバイオマスなどを利用することが大切である。

① まずはテストの目標をたてよう。頑張ったら達成できそうなちょっと上のレベルを目指そう。
② 次にやることを書こう（「ズバリ英語〇ページ，数学〇ページ」など）。
③ やり終えたら▢に✔を入れよう。
最初に完ぺきな計画をたてる必要はなく，まずは数日分の計画をつくって，
その後追加・修正していっても良いね。

目標

	日付	やること 1	やること 2
2週間前	/	☐	☐
	/	☐	☐
	/	☐	☐
	/	☐	☐
	/	☐	☐
	/	☐	☐
	/	☐	☐
1週間前	/	☐	☐
	/	☐	☐
	/	☐	☐
	/	☐	☐
	/	☐	☐
	/	☐	☐
	/	☐	☐
テスト期間	/	☐	☐
	/	☐	☐
	/	☐	☐
	/	☐	☐
	/	☐	☐

QRコードのページに登録すると，「ぴたリンク」からも表をダウンロードできるよ

① まずはテストの目標をたてよう。頑張ったら達成できそうなちょっと上のレベルを目指そう。
② 次にやることを書こう（「ズバリ英語〇ページ，数学〇ページ」など）。
③ やり終えたら□に✓を入れよう。
最初に完ぺきな計画をたてる必要はなく，まずは数日分の計画をつくって，
その後追加・修正していっても良いね。

目標

	日付	やること 1	やること 2
2週間前	／	□	□
	／	□	□
	／	□	□
	／	□	□
	／	□	□
	／	□	□
	／	□	□
1週間前	／	□	□
	／	□	□
	／	□	□
	／	□	□
	／	□	□
	／	□	□
	／	□	□
テスト期間	／	□	□
	／	□	□
	／	□	□
	／	□	□
	／	□	□

QRコードのページに登録すると，「ぴたリンク」からも表をダウンロードできるよ

キリトリ線

- テストにズバリよくでる!
- 図解でチェック!

理科

全教科書版

3年

粒子(物質) 化学変化とイオン(1)

電解質の水溶液に電流が流れたときの変化

- 電解質の水溶液に電流が流れると，**電極**付近で変化が見られる。

〔例〕塩化銅水溶液に電流を流したとき

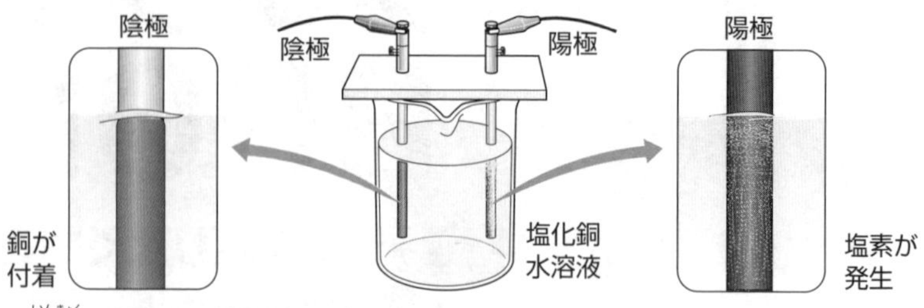

①陰極の表面には**赤(茶)色**の物質が付着する。

②陽極付近からは特有の刺激臭のある気体が発生する。

陽極付近の水溶液を着色した水に加えると，色が**消える**。

→陰極の表面には**銅**が付着し，陽極付近からは**塩素**が発生する。

塩化銅	⟶	銅	+	塩素
$CuCl_2$	⟶	Cu	+	Cl_2

原子とイオン

- 原子は，＋の電気をもつ**原子核**と，－の電気をもつ**電子**からできている。
- 原子核は，＋の電気をもつ**陽子**と，電気をもたない**中性子**からできている。
- 原子が＋または－の電気を帯びたものを**イオン**という。
- イオンのうち，電子を失い，＋の電気を帯びたものを**陽イオン**，電子を受けとり，－の電気を帯びたものを**陰イオン**という。

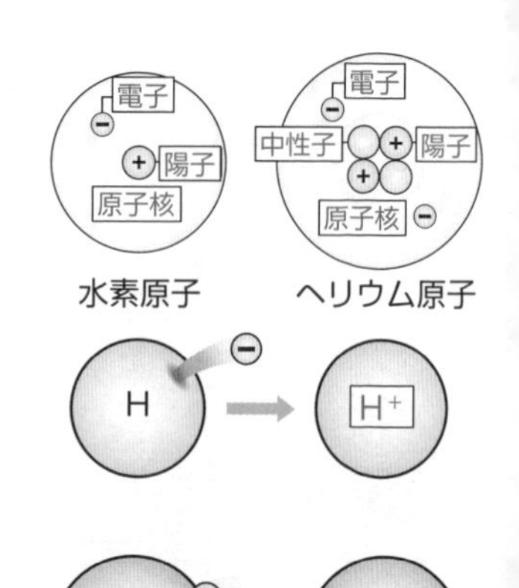

化学変化とイオン(2)

水溶液の性質

- 酸性の水溶液(すいようえき)の性質
  ①青色リトマス紙を**赤**色に変える。
  ②緑色のBTB(溶)液を**黄**色に変える。
  ③pH試験紙につけると**黄**色になる。
  ④マグネシウムなどの金属を入れると，**水素**が発生する。
- アルカリ性の水溶液の性質
  ①赤色リトマス紙を**青**色に変える。
  ②緑色のBTB(溶)液を**青**色に変える。
  ③pH試験紙につけると**青**色になる。
  ④フェノールフタレイン(溶)液を**赤**色に変える。

酸・アルカリ

- 水溶液中で電離(でんり)して水素イオンを生じる物質を**酸**という。
- 水溶液中で電離して水酸化物イオンを生じる物質を**アルカリ**という。

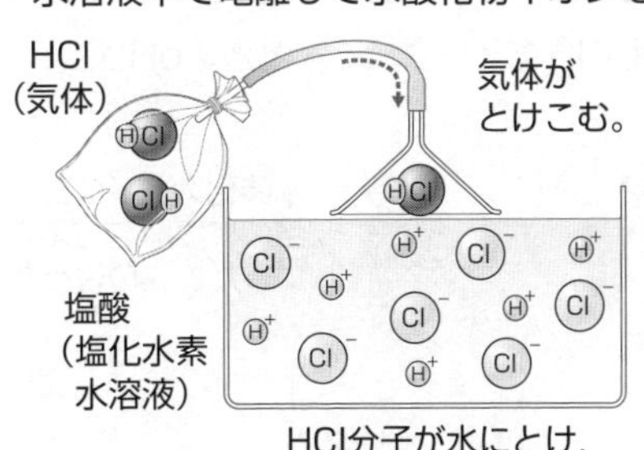

HCl分子が水にとけ，
H^+とCl^-に電離する。
$HCl \rightarrow H^+ + Cl^-$

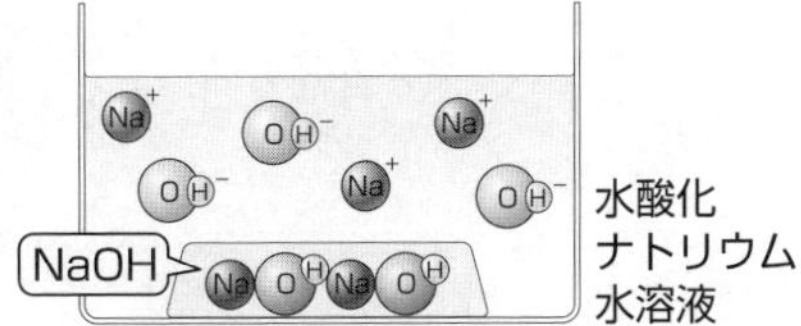

NaOHの固体が水にとけ，
Na^+とOH^-に電離する。
$NaOH \rightarrow Na^+ + OH^-$

粒子(物質) 化学変化とイオン(3)

酸とアルカリを混ぜたときの反応

- 水素イオンと水酸化物イオンから**水**が生じることにより，酸とアルカリがたがいの性質を打ち消し合う反応(化学変化)を**中和**という。
- アルカリの陽イオンと酸の陰イオンが結びついてできた物質(化合物)を**塩(えん)**という。

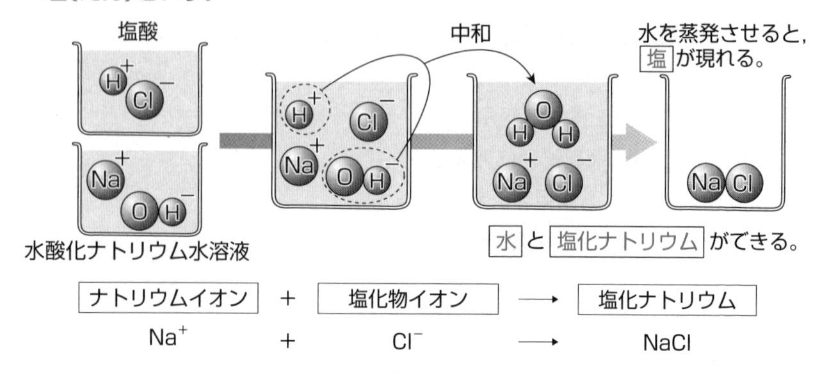

ナトリウムイオン	+	塩化物イオン	→	塩化ナトリウム
Na^+	+	Cl^-	→	NaCl

- 水酸化ナトリウム水溶液に塩酸を加えていくと，水溶液のpHはしだいに小さくなり，さらにうすい塩酸を加えていくと，やがて水溶液のpHは**7**，つまり**中性**になる。

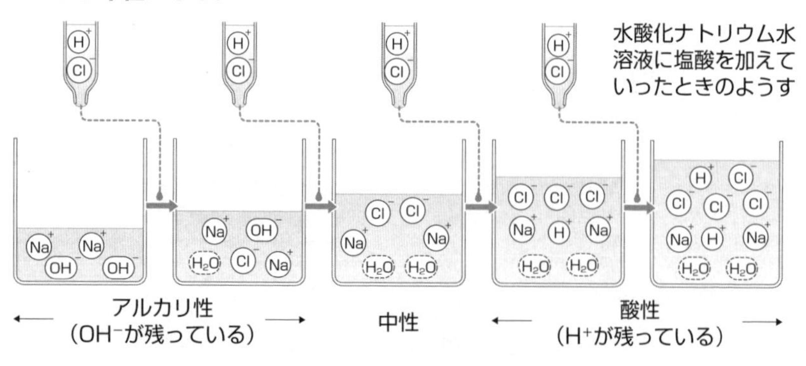

金属のイオンへのなりやすさ

- 銅を硫酸亜鉛水溶液(りゅうさんあえんすいようえき)に入れても変化はない。しかし，亜鉛を硫酸銅水溶液に入れると，亜鉛はイオンに変化し，赤(茶)色の固体(銅)が現れる。このことから，亜鉛と銅では，**亜鉛**のほうがイオンになりやすいといえる。

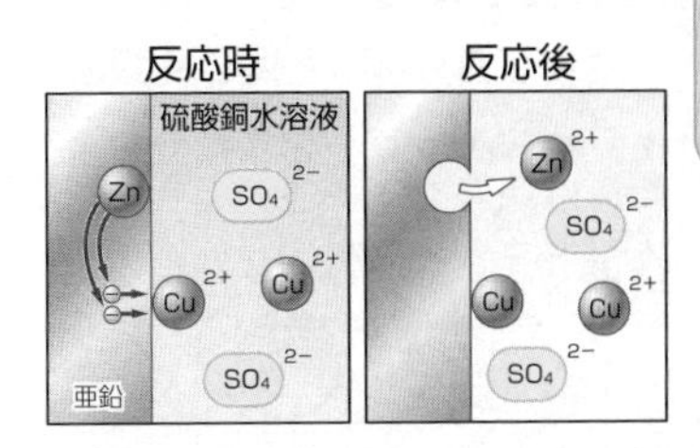

ダニエル電池

- 亜鉛のほうが銅より陽イオンになりやすいので，亜鉛板から**亜鉛イオン**になってとけ出す。
- 亜鉛板に残った電子は導線を通って銅板へと移動し，硫酸銅水溶液中の銅イオンに電子を渡し，銅板表面で**銅**になる。
- 亜鉛板が−極，銅板が＋極となる。

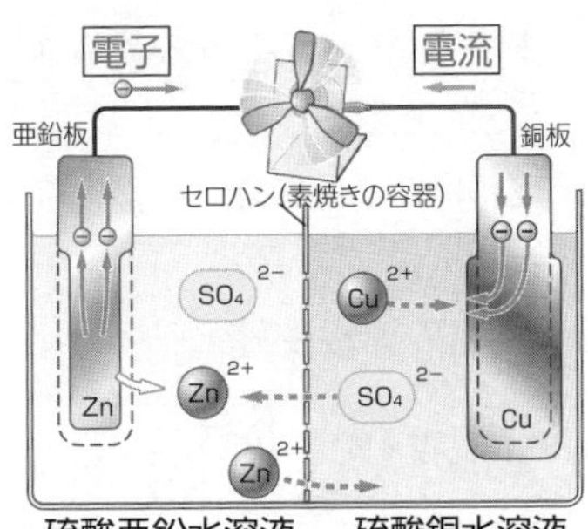

生命の連続性(1)

動物の有性生殖

- 生物が自分(親)と同じ種類の新しい個体(子)をつくることを**生殖**という。
- 受精によって子をつくる生殖(せいしょく)を**有性生殖**という。

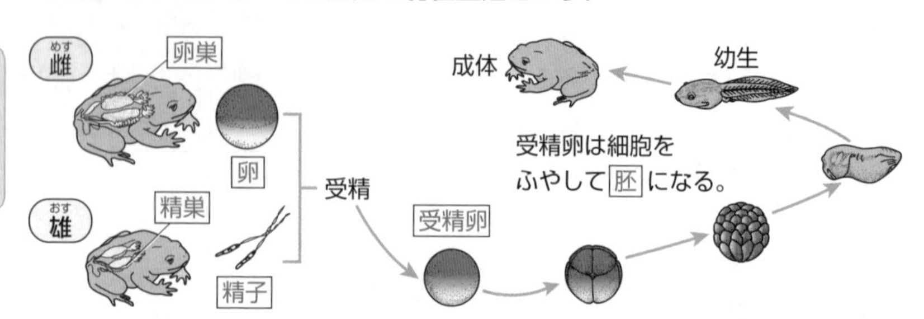

- 受精卵が細胞(さいぼう)の数をふやしはじめてから，自分で食物をとりはじめる前までを**胚**という。
- 受精卵から胚(はい)を経て成体になるまでの過程を**発生**という。

植物の有性生殖

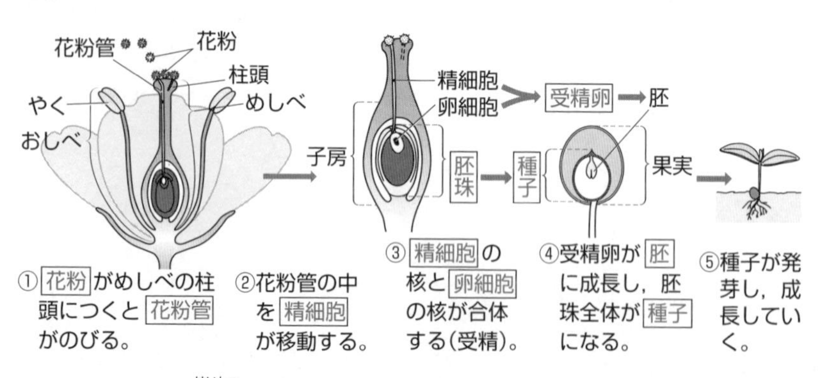

- 受粉した花粉が胚珠(はいしゅ)に向かって**花粉管**をのばし，花粉の中の精細胞はこの中を移動し，胚珠に達する。

生命の連続性(2)

体細胞分裂

①核の中の染色体は複製され，数が 2 倍になる。

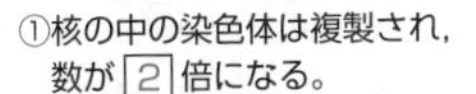

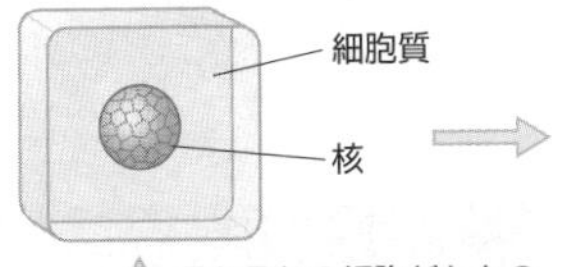

② 核 の形が見えなくなり，染色体 が見えるようになる。

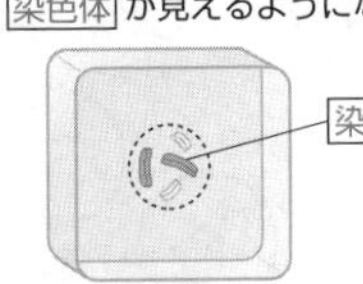

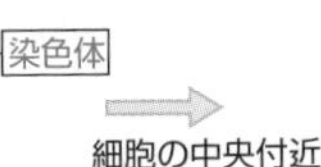

③ 染色体 が細胞の 中央 付近に集まる。

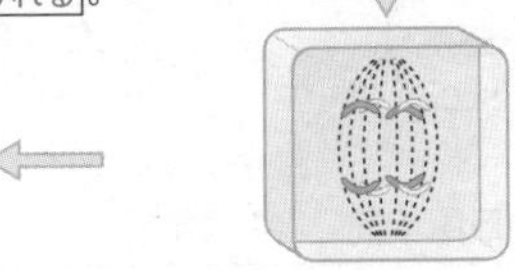

④染色体が分かれ，細胞の 両端 に移動する。

植物の細胞は中央部分に 仕切り ができる。
動物の細胞は細胞質が くびれる 。

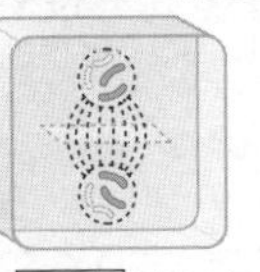

⑤ 細胞質 が2つに分かれはじめる。

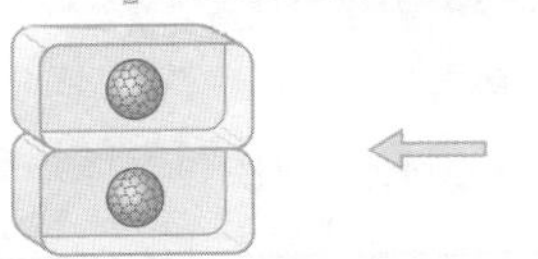

⑥2つに分かれた細胞。染色体 が見えなくなり，核 の形が現れる。

それぞれの細胞がもとの大きさまで大きくなる。

遺伝

- 生殖細胞(せいしょくさいぼう)がつくられるときに行われる減数分裂(ぶんれつ)後の細胞の染色体の数は，もとの細胞の**半分**になる。
- 減数分裂の結果，対(つい)になっている遺伝子が分かれて別々の生殖細胞に入ることを，**分離の法則**という。
- 顕性(けんせい)形質を現す純系AAと，潜性(せんせい)形質を現す純系aaをかけ合わせてできた子の遺伝子の組み合わせは，すべてAaになり，子には顕性形質のみが現れる。
遺伝子Aaをもつ子どうしをかけ合わせてできた孫は，顕性形質と潜性形質が**3：1**で現れる。

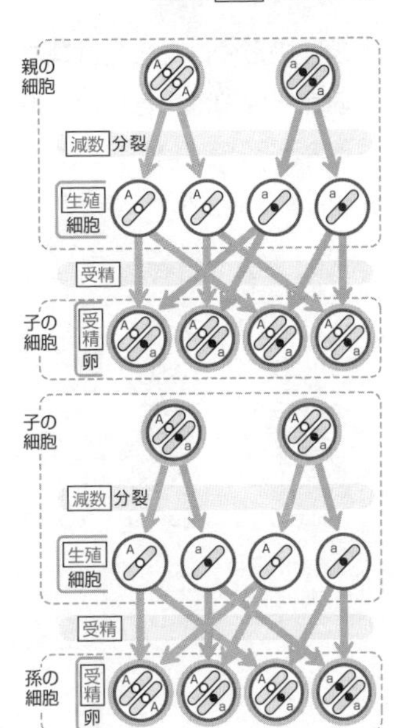

生命の連続性(3)

進化の証拠

- 魚類・両生類・は虫類はそれぞれ，**古生代**の前半，中ごろ，後半に現れた。
- 哺乳類(ほにゅうるい)・鳥類はそれぞれ**中生代**のはじめ，中ごろに現れた。

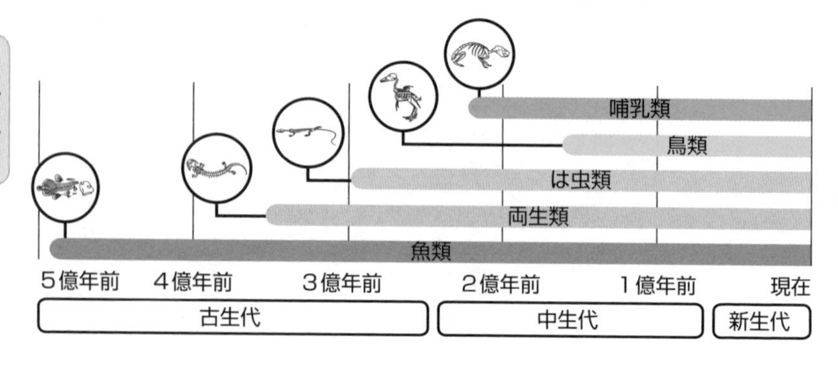

- 現在の形やはたらきは異なるが，もとは同じものであったと考えられる器官を**相同器官**といい，進化の証拠(しょうこ)の1つと考えられている。

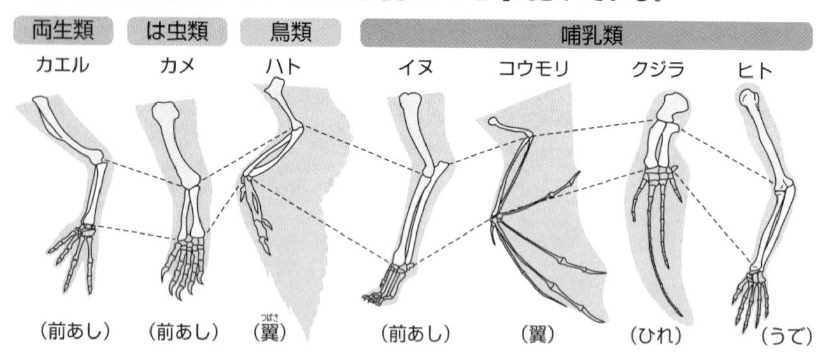

地球と宇宙(1)

地球・月・太陽の運動

- 天体が，その軸(じく)を中心に回転することを**自転**という。
- 天体が，ほかの天体のまわりを回ることを**公転**という。

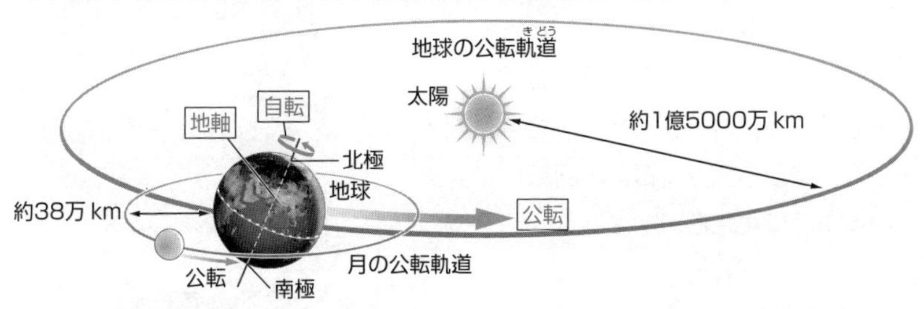

太陽の動き

- 地球が1日1周，西から東へ自転することによって，太陽や星座の星などが**東**から**西**へ動いていくように見えることを**日周運動**という。
- 天体が真南に来た(南中した)ときの高度を**南中高度**という。
- 地球の地軸は公転面に垂直な方向に対して約**23.4°** 傾(かたむ)いたまま自転しながら公転しているため，1年を通して太陽の南中高度や昼の長さが変化する。

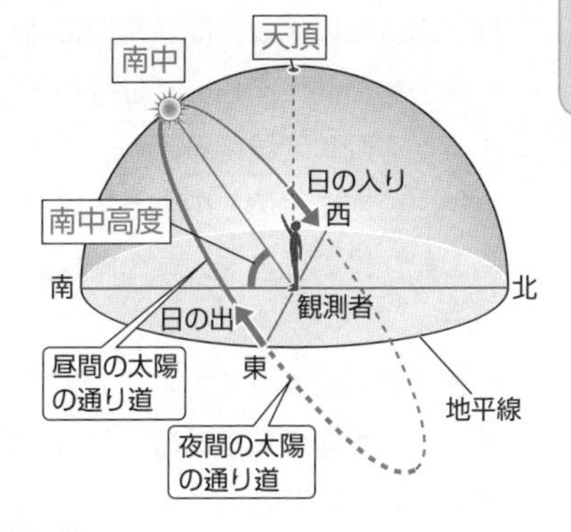

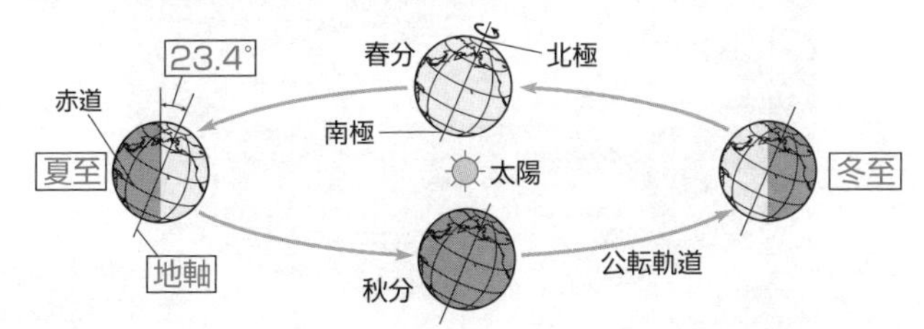

地球と宇宙(2)

星の日周運動

- 天体の位置や動きを示すため，空を球状に表したものを**天球**という。
- 天球は，**地軸**を延長した軸を中心として回転しているように見える。
- 星は，北極星付近(天の北極)を中心として，**東**から**西**へ1日に1回転しているように見える。

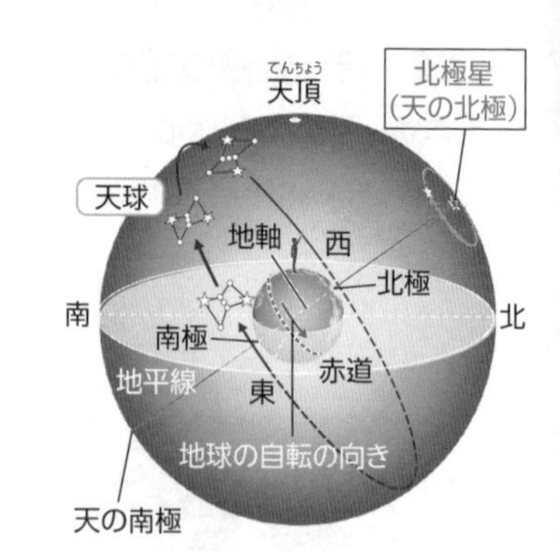

星の年周運動

- 地球の公転により，同じ時刻に見える星座の星は**西**に向かって位置が変化し，1年で1周して見える。
- 地球の公転によるこのような星の1年間の見かけの動きを，星の**年周運動**という。

- 地球の公転によって太陽が1年で1周するように見える，天球上の太陽の見かけの通り道を**黄道**という。

ペガスス座の方向に
太陽が見えるのは春

さそり座の方向に
太陽が見えるのは冬

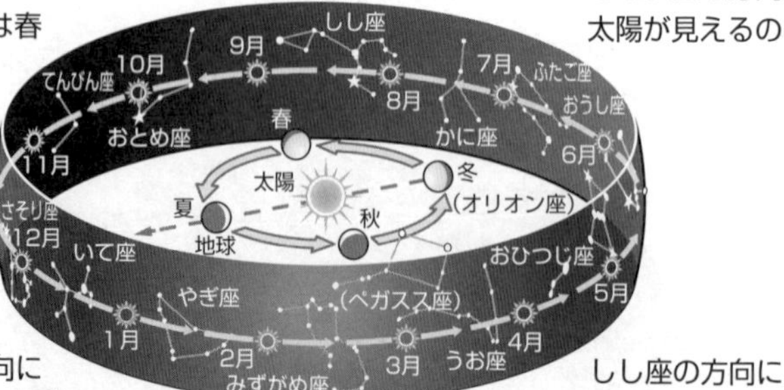

オリオン座の方向に
太陽が見えるのは夏

しし座の方向に
太陽が見えるのは秋

地球と宇宙(3)

月の動きと見え方

・月が地球の周りを**公転**することによって，太陽，月，地球の位置関係が変化し，日によって見える形や位置が変わる。

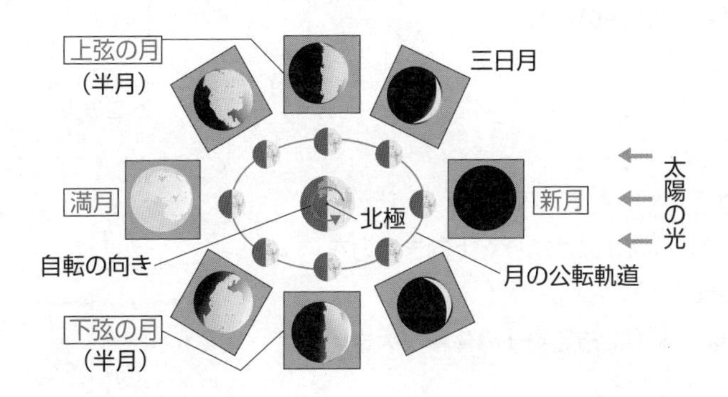

金星の動きと見え方

・金星の公転軌道(きどう)や公転周期と，**地球**の公転軌道と公転周期のちがいにより，太陽，金星，地球の位置関係が変化し，金星が見える方向や満ち欠け，大きさの変化が見られる。

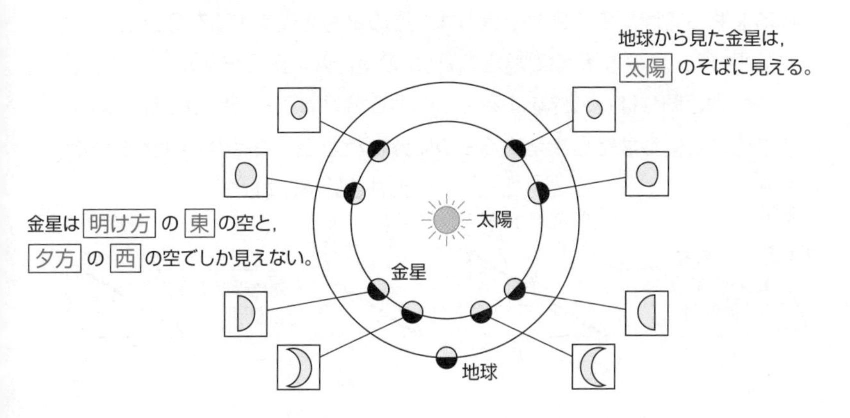

運動とエネルギー(1)

水圧

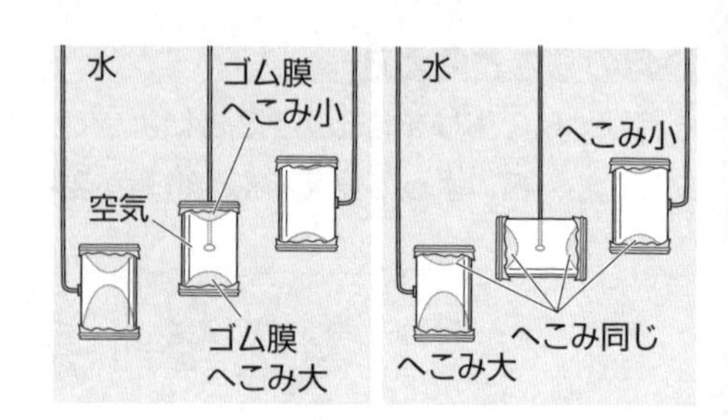

- 水中の物体に加わる，水による圧力を**水圧**という。
- 水圧は深さが深いほど**大きく**なる。

浮力

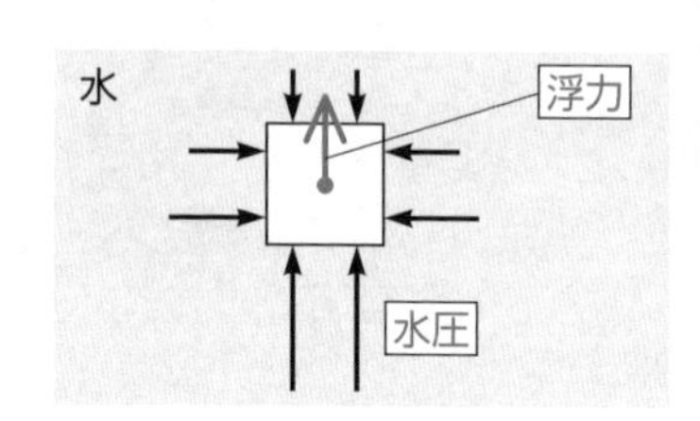

- 水中にある物体にはたらく上向きの力を**浮力**という。
- 浮力(ふりょく)は，水中にある物体の体積が大きいほど**大きく**なる。

力の合成・分解

- 2つの力と同じはたらきをする1つの力を求めることを**力の合成**といい，2つの力と同じはたらきをする1つの力を，もとの2つの力の**合力**という。
- 角度をもってはたらく2力の合力は，その2力を表す矢印を2辺とする平行四辺形の**対角線**で表される(力の平行四辺形の法則)。
- 1つの力と同じはたらきをする2つの力に分けることを**力の分解**といい，1つの力と同じはたらきをする2つに分けた力を，もとの力の**分力**という。

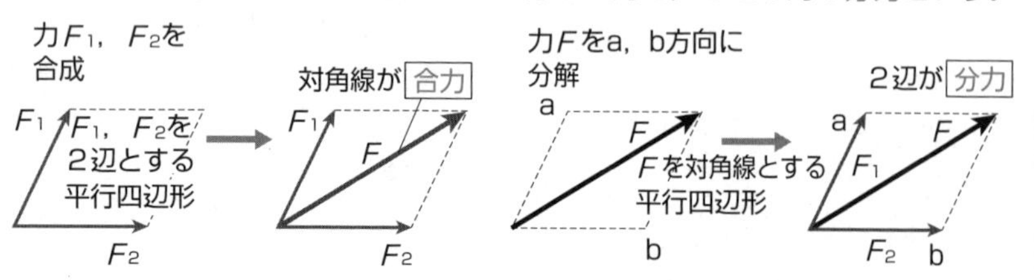

運動とエネルギー(2)

運動の調べ方

- 物体の運動のようすを表すには，**速さ**と運動の**向き**を示す必要がある。
- 記録タイマーを使うと，一定時間ごとの物体の**移動距離**を記録することができる。

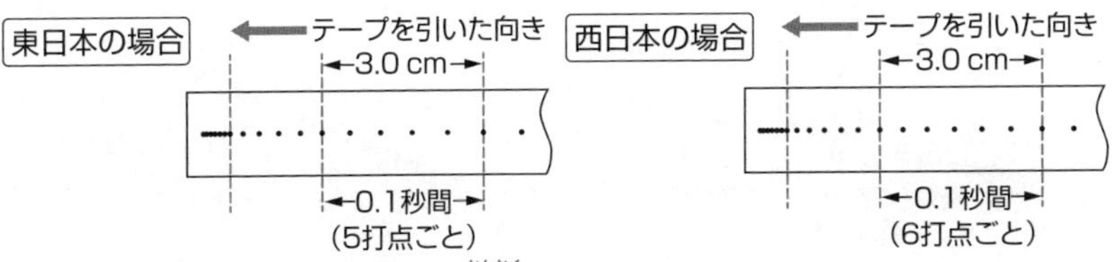

テープに記録された0.1秒間の打点の間隔(かんかく)が3.0 cmのとき，この間の平均の速さは右のようになる。

$$\frac{3.0\ \mathrm{cm}}{0.1\mathrm{s}} = 30\ \mathrm{cm/s}$$

物体に力がはたらかないときの運動

- 物体に力がはたらいていないときや，力がはたらいていてもそれらがつり合っているときは，静止している物体は**静止**し続け，動いている物体は**等速直線運動**を続ける。これを**慣性の法則**という。
- 等速直線運動では速さが一定なので，移動距離(きょり)は経過した時間に**比例**する。

移動距離〔m〕＝速さ〔m/s〕×時間〔s〕

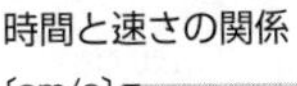

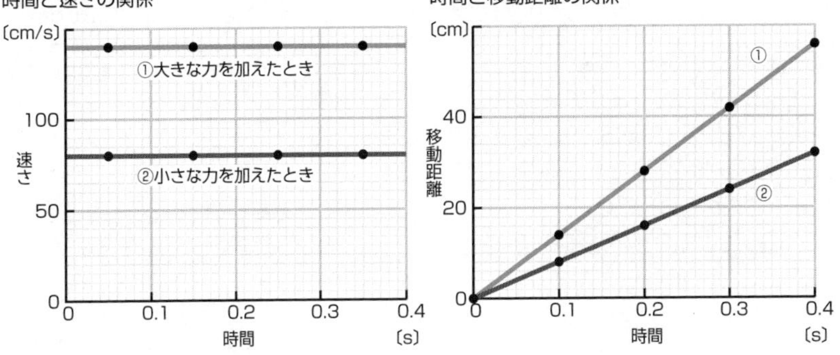

運動とエネルギー(3)

斜面上の物体にはたらく力の分解

- 重力の斜面(しゃめん)に平行な分力の大きさは，斜面の傾(かたむ)きが大きいほど大きい。そのため，斜面が急になると，斜面を下る物体の速さのふえ方も**大きく**なる。

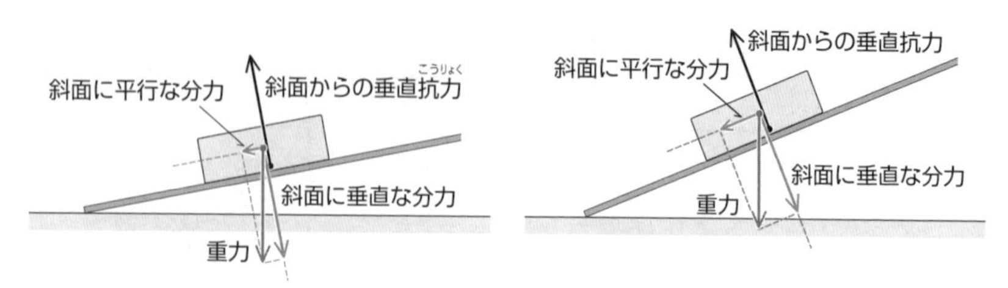

仕事

- 物体に力を加え，その力の向きに物体を動かしたとき，力は物体に対して**仕事**をしたという。

　　仕事〔J〕＝力の大きさ〔N〕×力の向きに動いた距離(きょり)〔m〕

- 滑車(かっしゃ)や斜面，てこなどの道具を使って仕事をしたとき，道具を使っても使わなくても仕事の量は変わらない。これを**仕事の原理**という。

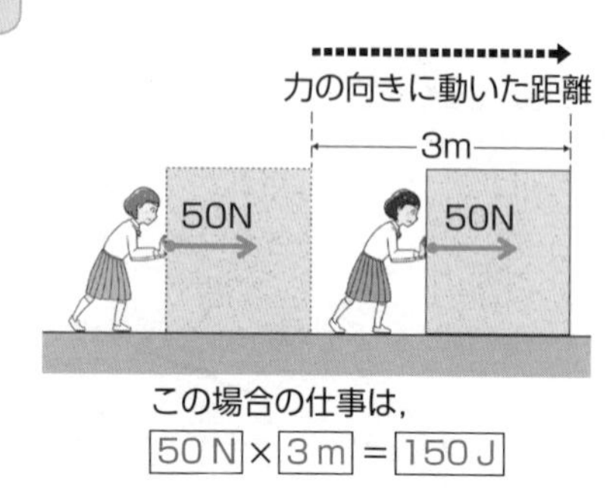

この場合の仕事は，
50 N × 3 m ＝ 150 J

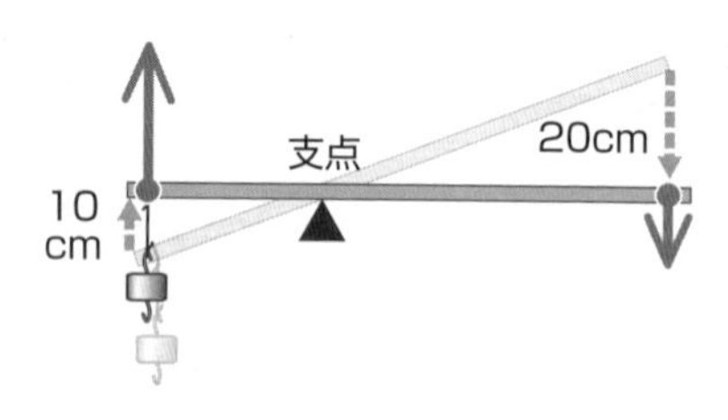

てこを使って力を半分にすると，
動かす距離は 2倍 になる。

運動とエネルギー(4)

力学的エネルギー

- 位置エネルギーと運動エネルギーの和を**力学的エネルギー**という。
- 摩擦(まさつ)や空気の抵抗(ていこう)がなければ，力学的エネルギーはいつも一定に保たれる。これを**力学的エネルギー保存の法則**（**力学的エネルギーの保存**）という。

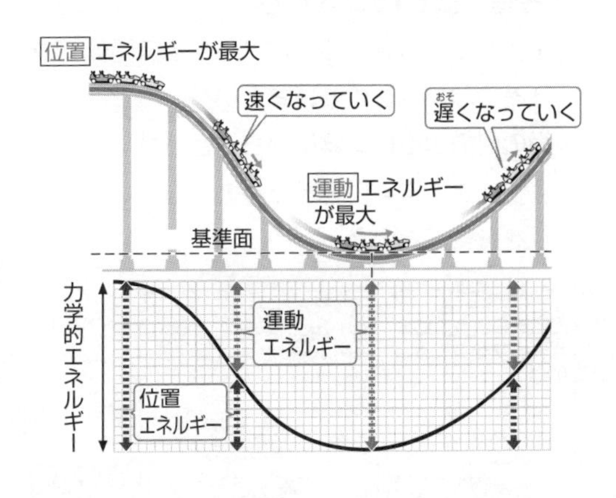

熱の移動

- 温度が異なる物体が接しているとき，高温の部分から低温の部分へ熱が伝わる現象を**(熱)伝導**という。
- 温度が異なる液体や気体が移動して，熱が運ばれる現象を**対流**という。
- 高温の物体が光や赤外線などを出し，それが当たった物体に熱が伝わる現象を**(熱)放射**という。

生物どうしのつながり

- 生物どうしの食べる・食べられるの関係でつながった，生物どうしのひとつながりを**食物連鎖**という。
- 網(あみ)の目のように複雑にからみ合った食物連鎖(れんさ)による生物どうしのつながりを**食物網**という。

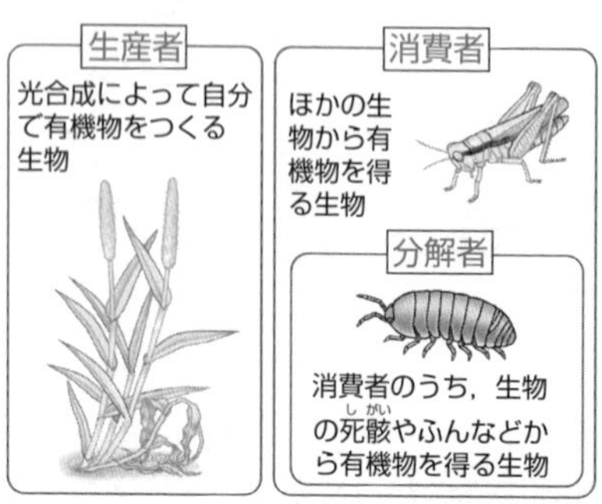

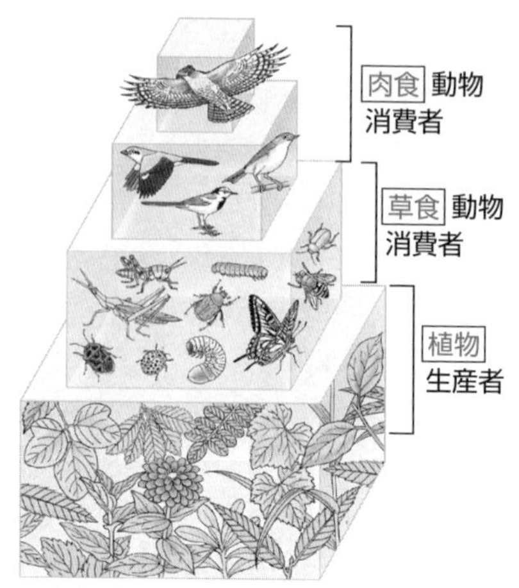

生物の活動を通じた物質の循環

- 生物の体をつくる炭素などの物質は，**食物連鎖**や呼吸，光合成，分解などのはたらきで，生物の体と外界の間を循環(じゅんかん)している。

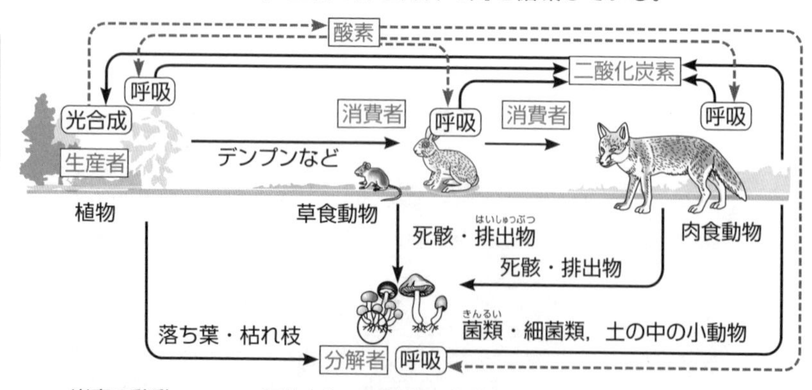